U0174838

暗知识

你的认知正在阻碍你

The Hidden Half: How the World Conceals its Secrets

［英］迈克尔·布拉斯兰德（Michael Blastland） 著

张 濛 译

電子工業出版社.
Publishing House of Electronics Industry
北京·BEIJING

The Hidden Half: How the World Conceals its Secrets by Michael Blastland

978-1-78649-777-2

版权贸易合同登记号　图字：01-2020-2309

图书在版编目（CIP）数据

暗知识：你的认知正在阻碍你/（英）迈克尔·布拉斯兰德（Michael Blastland）著；张濛译.
—北京：电子工业出版社，2020.7
书名原文：The Hidden Half: How the World Conceals its Secrets
ISBN 978-7-121-39058-6

Ⅰ. ①暗…　Ⅱ. ①迈…　②张…　Ⅲ. ①自然科学—科学方法论—普及读物　Ⅳ. ①N03-49

中国版本图书馆CIP数据核字（2020）第097231号

责任编辑：郑志宁　特约编辑：裴军辉
印　　刷：中煤（北京）印务有限公司
装　　订：中煤（北京）印务有限公司
出版发行：电子工业出版社
　　　　　北京市海淀区万寿路173信箱　　　邮编：100036
开　　本：720×1000　1/16　　印张：15.25　　字数：255千字
版　　次：2020年7月第1版
印　　次：2025年1月第17次印刷
定　　价：78.00元

凡所购买电子工业出版社图书有缺损问题，请向购买书店调换。若书店售缺，请与本社发行部联系，联系及邮购电话：(010) 88254888，88258888。
质量投诉请发邮件至zlts@phei.com.cn，盗版侵权举报请发邮件至dbqq@phei.com.cn。
本书咨询联系方式：(010) 88254210，influence@phei.com.cn，微信号：yingxianglibook。

▌《暗知识》热评

"精彩绝伦，布拉斯兰德向我们阐述了，面对无法避免的知识局限，我们需要保持谦卑的原因。"

——戴安娜·科伊尔　剑桥大学公共政策专业教授

"引人入胜……正如约翰·伍登所言，最重要的是，在你以为自己了解真相之后，还能有所收获。"

——安德鲁·格尔曼　著有《红州》《蓝州》《富裕之州》和《贫困之州》等书

"文笔优美，诙谐有趣。"

——弗朗西斯·凯恩克洛斯爵士　英国财政研究所执行委员会主席

"书中列举了大量引人入胜的事例，证实了我们对自我和对世界的认识其实是不可靠的。"

——波比·达菲　伦敦国王学院政策研究所所长

"一本了不起的著作！字字珠玑，我一口气读完了。"

——尼克·查特　华威商学院行为科学教授，著有《思考不过是一场即兴演出》一书

献给艾伦（Alan）

向难解的未知世界致敬

对进步的最大威胁，不是无知，而是对已有或未知知识的错觉。

丹尼尔·布尔斯廷（Daniel Boorstin）

《埃及艳后的鼻子：论意外》

1. **真的有"蝴蝶效应"吗?**

我们没有亲眼见证过，新墨西哥的一只蝴蝶扇一扇翅膀，就能在中国引发一场飓风的现象。但人生的"蝴蝶效应"却每天都在发生。生活中细微的琐事也可能在未来引发一场人生风暴，这似乎恰好回应了混沌理论的观点。

2. 不断变化的自我

我们不可避免地要与外界互动——而互动就会带来一个神秘的、多变的世界。我们的重点不是要辩称人们的表现是绝对无规律可循的。我们想要强调的，是一些错误观念，就是想当然地把一些看上去明显可以推导出的结论当作事实——"如果你的医术很好，那你就会一直很好"，而且这些错误观念很容易产生。

3. 你以为你以为的就是你以为的吗？

我们无从知晓，过去的经验和已知概率对我们而言是警告还是向导，直到具体事件在它们的时间、以它们的方式揭示出事物的规律，而这些规律巧妙地打破了那些最聪明、思维最缜密的人们所想象出的规律，或许直到那时，我们才能有所启迪。

4. 掌握了方法根本解决不了问题

对知识的渴望可能会带来错误的知识，并可能对最终结果造成伤害，我们对此应多一份敬畏之心。我们要知道，有的时候，即使掌握了方法，也不一定能解决问题。

5. 原则其实不实用

大思想与小细节 / 135

千头万绪的生活，绝不会让我们轻易看清它的面貌，我们应当拭目以待。

6. 宏观微观大不同

概率的潜在局限性 / 153

即使我们准确无误地掌握了某种知识——即使这一知识经过了严苛验证，可以在不同群体间传播，还有坚实的理论基础，但换个层面，它依然可能只是一个无根无据的猜想。

7. 一切并非显而易见

隐藏在简单事件中的复杂性 / 173

如果我们把所有的复杂因素都罗列出来，假设我们对每一个因素都了如指掌，那还怎么解决争议呢？当每个答案和它的对立面都看似很有道理时，这种显而易见的论证就是错误的。

8.

"例外"才是决定性因素

常识既能帮助我们理解世界，也会削弱我们对世界的理解能力。人类认知对于混乱无序生活来说只是"冰山一角"，那些不曾了解的"暗知识"也许会帮我们看清事物的本质。

9.

不同的情境需要不同的策略。没有一定能奏效的方法。但建议往往是值得一试的。而"尝试"或实验本身就是最好的方法。

后记

致谢

序言
大理石纹螯虾和暗知识

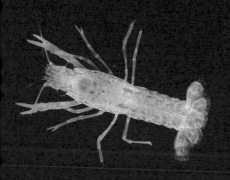

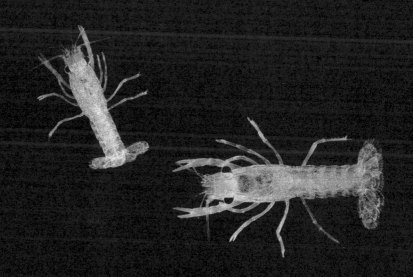

让我们陷入困境的不是无知，而是看似正确的谬误论断。

马克·吐温

20世纪90年代，在德国水族圈里流传着这样一条谣言：一种从未被科学界所发现的奇特新物种出现了。由于人们从未在野外发现过这种生物的踪迹，所以也就没人能确定它是如何出现在德国水族馆中的。前一天它还不存在，可第二天它便出现在了一只鱼缸里。

这种后来被命名为大理石纹螯虾的生物，是小龙虾的一个新品种。它们与其他小龙虾十分相似，只不过有一个显著的区别是：雌虾无须受精，就可以自发产卵并孵化出幼虾，这个过程被称为孤雌生殖。也就是说这些小龙虾不需要交配即可繁殖，其后代都是天然的克隆体。

表观遗传学家弗兰克·利科说："人们诧异不已，只有雌虾，雄虾在哪儿？"他还补充说，一个新物种的进化通常需要数千年的时间。

其他任何小龙虾或相关生物，包括螃蟹、小虾、对虾在内的近15000种十足目甲壳纲生物都没能做到这一点。似乎没有人知道大理石纹螯虾是怎样出现的，只能猜测某一天，在某个鱼缸里的一只小龙虾身上，突然发生了自发性的基因突变，大理石纹螯虾——"夏娃"便诞生了。

所有这一切已经足够奇特精彩了，但故事还在继续：在它们的突然出现震惊了我们之后，大理石纹鳌虾还引发了人们的诸多猜测。

这种鳌虾首先引起了科学家们的注意，于是他们在 2003 年的《自然》（Nature）杂志上发表了一篇简短的报告，以叙述故事的方式向研究界正式介绍了大理石纹鳌虾。

有传言称，出现了一种不明身份的十足目甲壳纲生物。该生物是一种带有大理石花纹的小龙虾，地理来源区域不明，于 20 世纪 90 年代中期被引入德国水族圈交易中，据传该生物能够单性繁殖（即孤雌繁殖）。我们在此证实，这种大理石纹鳌虾在实验室条件下确是孤雌繁殖。

克隆功能使大理石纹鳌虾成了自然界的威胁，它们拥有极强的侵略性，释放一只就能建立一个完整的种群。研究表明，不仅如此，它们还"强健而多产"：成熟快，产卵多。2018 年，弗兰克·利科宣称："只要将大理石纹鳌虾放入你的水族箱中，一年后你就能拥有几百只了。"此前，大理石纹鳌虾的后代四处横行，在马达加斯加泛滥成灾，一度引起热议，更是成为头条记者争相报道的新闻："变异小龙虾的入侵"。

然而，这些克隆生物却对科学研究具有更重大的意义：大理石纹鳌虾可能有助于解决"基因与环境之间到底谁在起作用"这一古老又棘手的难题。因为研究人员意识到，他们无意间发现了一个理想的实验对象。

通常情况下，想要梳理出事物的成因并非易事。假如你患上了心脏病，那么潜在的病因会有很多，既有基因方面的，也有环境方面的，可能与遗传、饮食、锻炼（过少或过多）、压力等多重诱因有关。而克隆体可以确保基因的作用不变，从而更容易梳理出其他影响因素。当把大理石纹鳌虾两两相比较时，无论它们发生了怎样的变化，都不会是由于纯粹的基因差异导致的。这些克隆小龙虾是天赐的完美实验对象。

于是有一天，德国的研究人员选择了两只雌虾作为亲虾，它们分别成了两个实验谱系的伟大母体，并被命名为 A 和 B（当你是一只小龙虾时，即使是只传奇龙虾，也只能得到这样的名字）。研究人员将 A 和 B 的后代放入水箱进行观察。自然，这两个谱系的大理石纹螯虾具有完全一致的基因。这不是假设，它们经过检测，是符合基因一致性的。

但研究远不止于此。这些大理石纹螯虾还在完全相同的实验室环境下孵化生长。如此一来，它们生长过程中的每一种影响因素都尽可能地保持一致。它们被投喂相同的食物（既然有人问，那就顺便提一下，投喂的是德彩薄片混合型饲料①），定期接受疾病检查，被饲养于装有自来水的简易水箱中，且水温与室温保持一致，甚至每次都安排同一位研究人员对它们进行检查。这样做的目的，是尽力消除一切我们所能想到的变量。可以说这些螯虾从一出生，就住进了人类设计出的、完全相同的环境中。

那么，这些克隆小龙虾会长成什么样呢？花点时间，大胆猜测一下：应该都长得几乎一样，或者完全一样吧？

毕竟，我们明白，我们所了解的关于这些小龙虾的一切都是可知的，而且就我们所掌握的因素而言，它们每一只都是相同的。基因和环境是主宰生命的两股强大力量，也是人类认知领域内的两座大山。二者之间存在着一场有关解释效力的永恒战争，而作为实验对象的所有大理石纹螯虾在这两方面都是完全一样的。

但是你瞧，图 1-1 显示的是在实验室饲养的一组大理石纹螯虾，它们全部取自同一窝卵。这张图出自德国实验室工作人员所撰写的一份研究报告，并于 2008 年对外公布。它成了遗传学领域引人瞩目的发现之一，这份殊荣也的确实至名归。显然，这些大理石纹螯虾各不相同。在同等条件下饲养的这些"一卵同胞"中，有些螯虾的尺寸竟然是其他同胞的 20 倍。

这些螯虾之间可见的差异是惊人的，尺寸大小只是其中最为明显的差异。在这数百只作为研究对象的大理石纹螯虾中，每一只大理石纹螯虾都是独一无二的。它们的感觉器官和内脏器官都存在明显的生理差异，活动和休息的方式也不同：有的躲在遮蔽物下不动，有的则仰卧着。这些螯虾的另一个巨大差异是寿命，从 437 天至 910 天不等。它们开始繁殖的时间也有早有晚，产卵数量和次数也千差万别。有的螯虾一

---

① 德彩（Tetra）公司专利研发的薄片饲料，含有多种营养成分，以及维生素和微量元素。——译者注

边产卵一边进食，其他螯虾则不然。它们有的在早晨脱壳，有的则在夜晚。

图 1-1　在相同环境下饲养的、来自同一窝卵且基因完全一致的大理石纹螯虾

这些大理石纹螯虾在交际方式上存在更多的差异：当被一起放入同一个水箱时，它们便会迅速划分出等级，有些处于从属地位，有些则处于主导地位；有些喜欢独处，有些则喜欢群居。它们在生理上存在差异，在行为上也各有不同。尽管这些大理石纹螯虾基因相同，且处于所有外部条件都尽可能一致的环境中，但它们长大后却有着天壤之别。

▌常识思维 vs 反常识思维，看似相同，实则不同

实验预期与结果天差地别，实验得出的是一个完全不符合逻辑的结论，就好像用白涂料却涂出了条纹一样。但如果说这种从一致性中产生的差异性是对我们的第一次冲击，那么另外两次冲击必将接踵而至。

其一，无论我们以为自己对基因和环境了解多少，所有的认知突然就会面临质疑，需要被认真修正。通常我们会说，如果不是基因的影响，那就一定是环境；如果不是环境的影响，那就一定是基因。但这个实验的结果在某种程度上来说，似乎都说不通。与此同时，一堆推论化为乌有，我们只得坐下来困惑地直挠头。按照我

们大多数人自认为了解的生长规律来说，这些大理石纹螯虾的生长过程是不存在任何差别的，但显然，差异的确存在。

其二，如果这个故事是真实的（事实的确如此），那一定存在某种其他因素，某种被我们忽略的、潜在的，但未知的影响因素引发了这些差异，而且这种因素还是贯穿生命始终的。研究人员发现，每只大理石纹螯虾"在所有的生长阶段，都具有随机变异的能力"。为什么会这样？它们是怎么做到的？它们基因相同，生长环境也相同。既然引发万物变化的这两大诱因都被限制了，那么造成实验结果如此混乱的又是什么呢？

简单说来，我们也不知道。我们无法用固有常识来解释这种变化源于何处，一定有某种隐藏的原因和知识才能破解谜题，这应该就是暗知识。尽管这些大理石纹螯虾之间差别巨大，我们却很难用任何特殊理论来解释它们，只能套用最一般性的术语。可即便如此，我们依然无法找出诱因。

表观遗传是一个比较容易想到的答案。它涉及的是基因的表达方式——例如，表观遗传会诱使具有相同基因的细胞分化成眼睛、肾脏和心脏等。表观遗传也被用来描述基因和环境的相互作用，这种作用能产生稳定的效果，并在细胞分裂过程中持续存在。但这又把问题推了回来：当我们了解的所有大理石纹螯虾的自身情况和环境因素都完全相同时，这些不同的表观遗传效果又是从何而来的呢？表观遗传学也许能解释这些因素是如何共同作用的。这也正是这门学科的迷人之处，但它没能告诉我们这些因素源于何处。究竟是什么以独一无二的方式触动了一只大理石纹螯虾的表观遗传开关，继而引发了如此多的变化呢？对此，我们无从知晓。

另一个比较容易想到的答案是短期的基因和环境的相互作用。基因并不能直接决定一个生物的性状，而是始终通过编码蛋白质这一间接方式发挥作用，这一过程可能会受到持续的外部影响，也就为基因和环境的相互作用留出了很大空间。基因和环境的相互作用与表观遗传不同，前者无须产生长期稳定的效果。但是，它仍然没能解决那个问题：在大理石纹螯虾的例子中，据我们所知，参与到基因和环境相互作用的每个变量都是相同的，可结果为何会产生那么大的差异呢？

最后一个比较容易想到的答案是，克隆体找到一种方式去产生差异，以增加进化的可能性，这使得大理石纹螯虾在面对不断变化的环境时至少有一个个体能拥有更大的存活概率。虽然这也说得通，但依然无助于解释它们究竟是如何做到这一点的。

简而言之，我们被难住了，感到困惑不已。当我第一次把大理石纹螯虾的图片拿给人们看时，他们的反应通常是以"但是……"开头，仿佛整个实验中一定存在某个简单的漏洞。紧接着，他们陷入沉默，无言以对，只是盯着图看。你会看到一张张失语的脸上写满了困惑，旧的信念开始动摇——"这么说就不是……但如果不是……那又是什么……"他们惊讶地发现类似的差异的确存在且都有待解答，像我们所有人一样，他们也努力想象着是否可能缺失了哪一环。但显然，我们一定是有所遗漏的。

这就是我所说的无知的冲击。这一刻弥足珍贵，因为我们被迫重新进行知识校准。它让人类意识到，我们太过轻易地满足于既有观念，但未知的暗知识可能就在我们身边。

从这一刻起，我们被迫开始思考。因为大理石纹螯虾的变异一定是有原因的，不是吗？这是显而易见的事实。只不过你可能会开始怀疑，这个原因似乎是凭空出现的。人们不难做出这样的猜测：有一只小龙虾——也就是最后长得最大的那一只，抢到了第一块食物，它吃得更多，长得更大，然后它仗着自己在体重或力量上的优势，又抢到了最大的那一份食物，于是长得更大，这样一来，一个初始的优势得到了强化。但实际上，食物一直供应得很充足，所有大理石纹螯虾都能吃饱，这一点得到了研究人员的证实。

一个个体全部的基因组成被称为基因型，而个体在形态和行为方面的特性被称为表现型。在相同环境下，由同一基因型所演化出的各种各样的表现型，是自然界最新的、最伟大的奥秘之一，这引起了人们的广泛关注。

■ 看不到的诱因

我们不禁要问，如果诱因无法被找到，或许它们是隐藏在大理石纹螯虾所经历的微小细节里。你发现自己开始探寻那些模糊的可能性，例如，哪一只在早晨最先感受到了从窗外透入的阳光，哪一只离实验室大门或空调最近。研究人员略带调侃地写道：他们口中的"微观环境影响"已经过实验设计被降到了最低，"但永远无法完全被排除"。我们很难了解对一只大理石纹螯虾来说，微观环境影响可能会是什么样。但你又会想道：这些未知的微观因素和影响真的是造成重大变异的起因吗？难道是科学界未能发现的、最微小随机的某种推动因素，在这些螯虾身上得到了反馈，放大了它们的特异生长？或者如报告中所讲，生物体内存在"涉及行为和新陈代谢的非线性、自我加强的电路，这种电路不知缘起，效果不明"？简而言之，隐藏的微观因素能够奇妙地引发一系列纷繁杂乱的结果吗？

奇怪的是，若将大理石纹螯虾分组饲养，则不同组的螯虾会显示出不同的变异谱，仿佛每组有特定的推动因素会改变该组内的所有螯虾。而事实是，每个组内的每只螯虾在基因上都是相同的。简单自发的相互作用会在某种程度上成为答案吗？这可能在一定程度上能够解释那些饲养在一起的螯虾所发生的变异，尽管要确切地解释这种相互作用是如何引发如此多样的变异的，仍是一件费脑筋的事。但是，那些单独饲养的大理石纹螯虾同样发生了明显的变异，这又该如何解释呢？或许只要在同一个水箱中，即使每只螯虾都有足够多的食物，它们依然会为了第一口食物而展开一场争夺战。尽管胜负只取决于第一片饲料沉入水中时，它们与饲料之间的距离远近，但赢家和输家便被分了出来。这是否足以建立起一个啄食顺序？也许你相信小龙虾可能具有自由意志，那么按照你的想法，最大的那只可能只是它自己决定要吃得更多，完全与其他任何影响无关。或者所有这些变异都源于生长初始阶段一个纯粹的、没有规律的随机因素，在生长过程中又受到了更多随机因素的冲击——前提是，在此案例或其他任何地方，的确存在纯粹随机这类概念。你可以看出，这是我的猜测，但是我们不都是在猜测吗？

无论引发变异的起因是什么，这都是一个难得的契机。它提醒我们：伟大的意识形态是建立在关于基因与环境、先天与后天的相互矛盾的观念之上的。数百万生灵惨遭屠杀，就因为有人假借人种差异或社会差异之名。科学虽已从这种简单的两极分化中走了出来，但却依然是激烈争论的根源。然而，证据表明，传统的基因论或环境论都无法提供完美的解答，即使两者结合也无法论证。

显然，基因很重要，大理石纹螯虾的后代依然是大理石纹螯虾。显然，环境也很重要，如果没有食物，它们都无法长期存活。基因和环境是两股重要力量，但同样显而易见的是，有些超越一般认知的因素，在其中也起到了不小的作用。但究竟是什么呢？

从事大理石纹螯虾实验的研究人员像我们一样，百思不得其解，于是，他们将这种难觅其踪的因素命名为"无形变异"。所谓"无形变异"就意味着，即使一切条件看上去完全一致，也依然会有某种因素使结果产生差异，但我们又无法获知这种因素是什么，即其来源是无形的。这一说法乍听上去新奇有趣，但终究还是令我们沮丧。研究人员所使用的另一个术语是"生长噪音"，听上去更无助于找到答案，肯定也不是诸位想花时间研究的课题。研究中的"噪音"被认为是无关项，在寻找一致性信号时应被剔除。谁会想听"噪音"呢？

但一致性有什么好讨论的呢？我们现在需要解答的是不一致性。这些螯虾各不相同，而我们却找不到原因。

而且它们并非个例。在大量动物研究中，尽管我们试图使一切因素标准化，却依然没能抑制重大变异的发生，这成了一个反复出现的难题。每个案例中的变异类型都是不一样的，例如，个体间的尺寸大小并不总是存在巨大差异，但差异一定存在，且永远无法解释。

事实上，这已经成为一个意义深远的问题，以至于有些研究者称应该承认诱发生长差异的根源还存在第三个因素。虽然他们无法确切地知道这第三个因素是什么，但他们明白，这里存在着一个巨大的漏洞，一定有某个因素可以解释这些差异。并且无论那个因素是什么，它在某些情况下，都具有一股力量，可以与其他力量的总和相抗衡，甚至使后者黯然失色。大自然演化奥秘的另一面是完全未知的，换句话说，这不是什么细微因素，而是根源性的问题。然而，即使是这么巨大的未知领域，我们对它的存在却知之甚少。当我与他人谈论这个话题时，几乎没有人意识到这个未知因素所具有的力量。

▊ 被忽略的细节

还有另一个更基本的问题：如果"噪音"这一研究领域不受待见的因素是被回避了的关键点，又该怎么办？我说这话的意思是，我们需要质疑自己谈论"噪音"的习惯——我确实认为，我们在谈论"噪音"时，总觉得它仿佛是人类的天才在洞悉了生命的重大模式之后所留下的知识糟粕。反之，如果我们将"噪音"视为一股无处不在的、可诱发差异的正向力，且与其他任何影响力同等重要，又会怎样呢？如前文所述，这个实验结果最引人瞩目的不是一致性，而是非一致性。将"噪音"当成无意义的知识残渣，想着有时间再来解答，这种做法是行不通的。我们需要面对这样一种可能性，即重大影响并非如我们设想的那么有序或始终如一，事物的演化会受到可见的规律、影响力或常见因素的制约，但对其作用更大的，是大量不常见的因素和各种混杂在一起的、隐藏的微小影响力。我们习惯于将这种微小影响力视为"噪音"，然后又转而将"噪音"视为一种恼人的残渣——这低估了生命中最神奇的一种元素的作用。

据从事大理石纹螯虾实验的研究人员称，无法解释的变异问题"基本未受他因干扰"。考虑到其背后的深意，那似乎令人难以置信。我们如此沉迷于追寻有序的线索，却似乎没能正视无序的力量。这种引发差异的无形力量，看上去如此惊人，如此强大，可人类对它却鲜少研究，也无法清晰描述。这种力量究竟是什么呢？类似的问题还可能会在哪里出现呢？

诸位不得不佩服这些螯虾，它们肆无忌惮地乱爬，撞得笼子哗哗作响。它们设法进入野外环境，在一些地方成了烦人的害虫。而它们就是我的榜样，我的目标是：让它们所引发的这些难题同样令人恼怒。

在这个案例中，我们需要认真考虑另一股隐藏的力量，重新评估被我们当作"噪音"而剔除的那个因素，无论其力量强弱，都要将它带入我们的视野当中。我们还需要更多地思考它所引起的差异。在相同环境中的克隆体是人力所能做到的最为简化可控的情况，如果连这些克隆体都会由于受到无形变量的影响，产生差异，那么在面对无限关联又错综复杂的个人、企业或政策时，我们如何能准确地找出差异之源呢？

至少，我们可以更多地关注那些微小意外的变量是如何颠覆我们对既有知识的认知的。我们明白，两个事物彼此相似，因而也将以一致的方式发展下去，是我们声称了解并控制任何事物的根据。但如果类似于诱发大理石纹螯虾生长差异的、异常的力量在生活的其他方面——政治、商业、犯罪、教育、经济——同样发挥了作用，甚至影响到我们的决策方式等，但其影响被我们低估了，又会如何呢？

我们曾经认为，知识最基本的属性是必须普适，即普遍适用于我们想要使用它的任何地方，否则，那就不是知识。当知识无法如预期般适用时，我们就会明确意识到那是伪知识。然而事实上，我们以为自己掌握了某个知识，以为曾亲测过它的有效性，以为明白它的作用原理。可是当我们尝试着再次应用它时，也许只是在一个略有不同的环境中，我们期盼它能再次奏效，但却未能如愿。只有那时，我们才会极不情愿地承认，我们并不如自己想象的那样，对所发生的一切有着正确的认识。

在大理石纹螯虾的身上，甚至连基因和环境这两股强大作用力都并未如我们预想的那样奏效。尽管这两种因素一旦保持一致，那些螯虾之间似乎就没有再发生变异的余地了，但结果令人诧异，它们的生长完全不合常规。我们被迫得出一个结论：基因和环境，并非如我们过去理解的那样，是决定生物生长的全部力量。

像许多人一样，我总是认为自己是非常理性的。我几乎是支持科学的发烧友。但大理石纹螯虾提醒着我们所有人：无论何时，当自以为了解时，我们可能错过了许多知识和隐藏的真相，可能成为置身危险而不自知的傻瓜。

▋ 神秘的变异

本书提出了三个观点，或者说是三个论点。

第一个观点是，我们必须更加乐意去面对挫败了人类理解力的众多奥秘和意外，如大理石纹螯虾的奥秘就是其中之一。我们将特别关注类似于大理石纹螯虾这

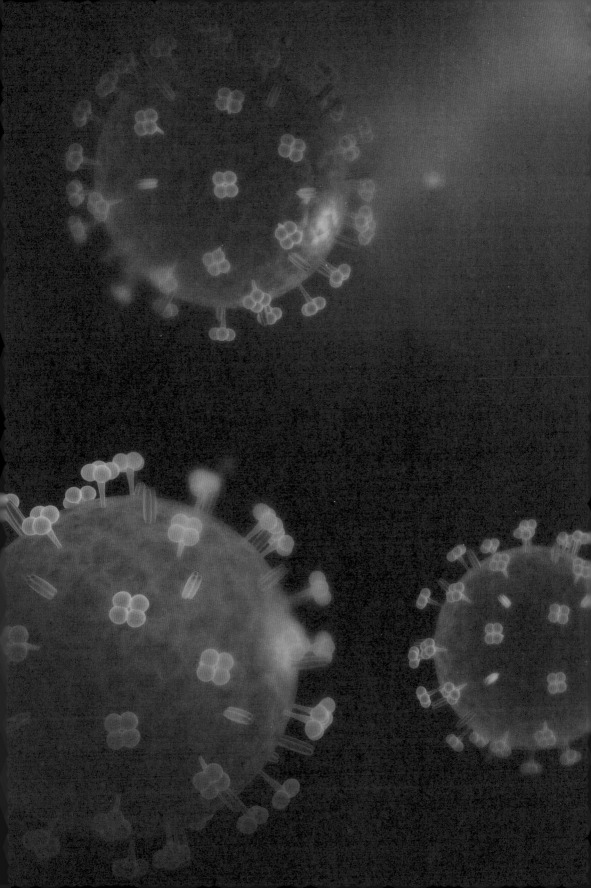

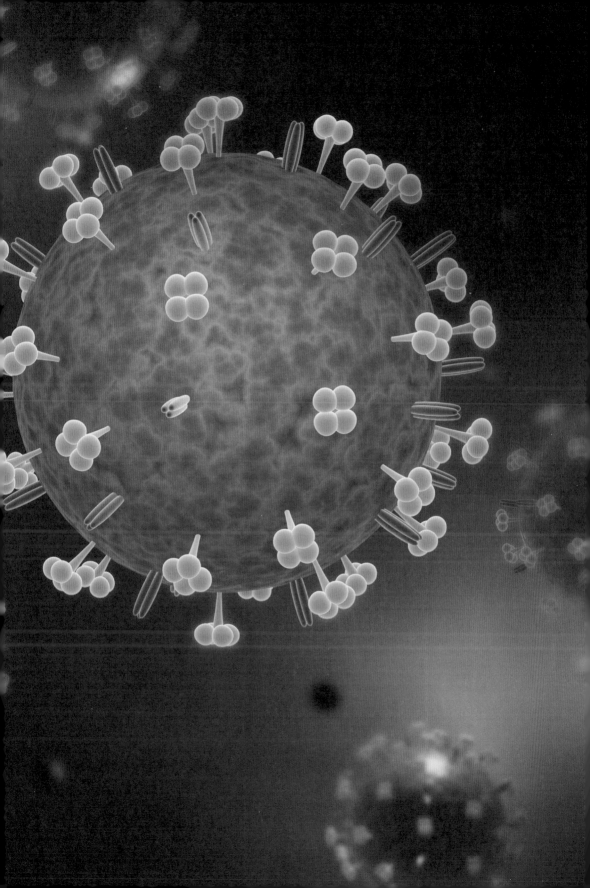

类案例，它们对我们了解生物模式和规则的可靠性提出了质疑。虽然我们人类特别擅长探索，但我们中的太多人对于自身才智的局限性缺乏认识。常常有其他答案被隐藏起来，我们注定会错过这些答案，甚至都不愿承认它们的存在。我认为，有关这一问题的证据不胜枚举，本书中就有所涉及。

但如何解释这个问题呢？

我们都听说过这样一种方法，即简单地将引起所有偏差的元素称为"噪音"或"偶然性"，然后就大功告成了。所以，我们可能会说大理石纹螯虾之间的差异是由于"偶然性因素"造成的，说完便耸耸肩，结束这个话题。这种做法没什么错，但还远远不够。我们有充分的理由去换一种方式来对待这个问题。"偶然性"像是众神一时兴起的产物，而"噪音"像是枯燥又恼人的东西，两者都是抽象概念，缺少实质内容。人们在面对"偶然性"时可能太过听天由命，同时在面对"噪音"时又太不屑一顾。在面对惊异的现象时，这些反应都是不对的。我认为我们可以做得更好，将这些抽象概念理解为一种引发差异的正向力，使它们变得生动有趣。

为何我们的实际所知总是少于我们自以为已经掌握的知识呢？另一种解答方法是援引人类非理性或认知偏差的概念，它们会对我们关于系统方法的理解产生有限的影响，致使我们曲解或误读现实，进而导致误判和偏差。这些无疑起到了一些作用，但我将对它们基本忽略不计。这在一定程度上是由于认知偏差已经得到了广泛关注。但关于人们强调认知局限的普遍做法，我还存有一些质疑：它也许会暗示我们，想克服认知局限，唯一要做的就是变得再聪明一点，而只要你读过有关认知偏差的书，自然就能做到这一点。可是，若如我所述，这个问题的很大一部分是整个世界的固有属性，而非（主要）存在于某些人（当然不是我们，我们读过书了）的心理层面，那么，鼓吹自己的优越才智且骄傲自满，将对我们毫无益处。人们的确会走心理捷径，也会误入歧途，不可否认，这在一定程度上与我们自己的思想有关，但导致我们走捷径的另一个原因是，我们与之博弈的问题太过复杂。问题的核心总是明摆着的，可我们就是无法逾越。你可以成为哲学家们梦想的那种理性完人，却依然丝毫未能接近大理石纹螯虾变异的真正原因。所以，虽然我们可能确实被认知谬误所困扰，这意味着我们无法看清世界的本来面目，但我们不得不问，这个世界的难题究竟有多么难以解释，以至于超越了最理性的认知。无论如何，我们应该更深刻地思考这些难题的本质。

第二个观点是，暂时把理性的问题放一边，诸如"偶然性"和"噪音"这样的标签也暂且搁置。相反，我们将深入挖掘神秘变异背后暗知识，将其视为造成干扰结果的一种正向力，对它是如何颠覆我们自以为是的知识，试着多一些了解。最重要的是，我将尽力使它的特点鲜明、持久。涉及的用语将具有差异、无序、变异和不规律性。这样做是为了明确两个主体之间的联系，其一是基于对规律性的预期而得到的知识，其二是由不规律性所导致的预期偏差。如此一来，我们就能清晰地看到二者是如何对立的。

这一观点的核心在于承认差异意味着无知。我们期望会变得相同的事物，也因此，我们自以为了解这些事物——往往并不相同。类似于大理石纹鳌虾之间的那些神秘差异也存在于其他地方吗？我相信它们无处不在。规律和普适的真理是我们的理想，可现实常常是由那些意料之外的反常事物拼凑起来的。

带着这些观点，将它们应用到更广泛的实践中去，你会开始相信，这个世界上充斥着我们无法看到的、强大却神秘的差异。无论是在政治、政策、商业、医学、经济学、心理学、人类发展、广义科学或其他领域，我们都会找到证据证明：规律、准则、经验、做法、研究发现等我们归纳为知识的东西，无法如我们想象的那样，顺利地从经验或理论走向实践，也无法从现实生活中的一个事例推演到另一个事例中。而每次都去思考隐藏的另一面，则有助于我们找到答案。

▌ 如何直面我们的局限

基于前文的两个观点，本书提出了第三个观点。

第三个观点是，如果我们的实际所知比自以为所知的少，如果世界比我们想象的更难保持一致性，我们该怎么办？

对某些人来说，这是讨论中最不受欢迎的部分。当我尝试着将这个问题抛向记

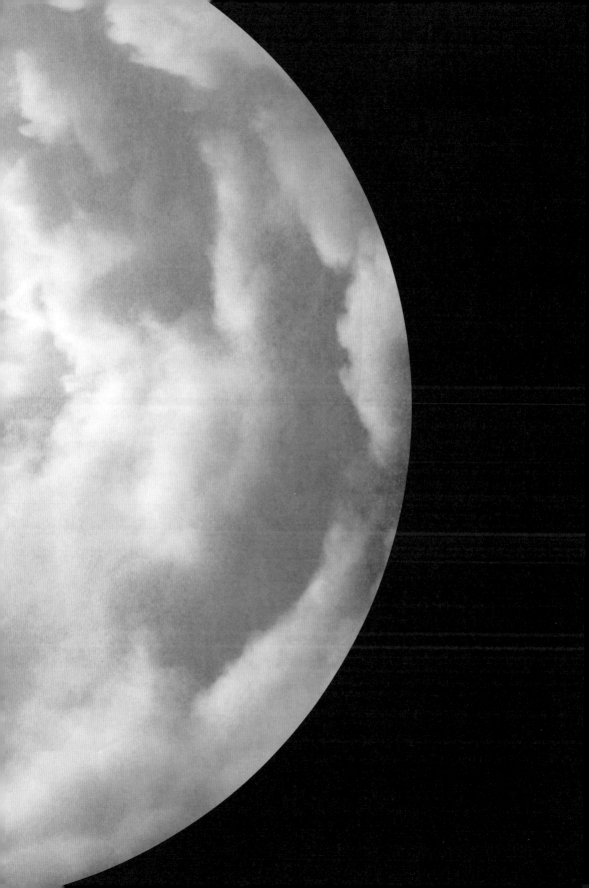

者和其他观众时，得到的反应通常都是否定的——你以为你是谁？我们知不知道还用你来告诉我们或类似的意思，但我们最终总会成功的，你怎么回事啊？接下来，当我们思考了更多将在本书中探讨的那类证据时，他们的情绪转向了失败主义，有时还掺杂着一丝恐慌：

这么说，我们一无所知了？我们该怎么办？放弃吗？

或者是，

你说什么？一切都毫无意义？全是假的？都没用？

但他们逐渐适应过来，并制定出了应对策略。在制定过程中，他们较少依赖于我们只是略知一二的那些乐观论断，而是着眼于在一知半解的情况下如何应对。他们转而认同其他的可能性。正如经济学家约翰·凯（John Kay）所言："不要说'我必须知道答案'，而应该说'我无法找到答案，那么在无从知晓答案的情况下，应该如何在这个世界自处呢'？"

因为好消息是，实际情况远非无望。我们无须陷入虚无主义的绝望之中。在最后一章中，我们将第三个观点概括为：在一个充满令人生畏的不确定性的世界中，我们应该做些什么——其实我们能做的有很多。正如丹尼尔·布尔斯廷写的那样：对进步的最大威胁，不是无知，而是对已有或未知知识的错觉。我们迫切需要摒弃一些错觉，这样才能将前路看得更加清晰。对世界上那些微妙细节拥有更加敏锐的感知力，对我们而言，或有助力。

▊ 我们都住在稻草搭建的大厦里

我是记者、写手。我知道什么？这绝非妄自菲薄，而是实实在在的恐惧。这是个普适的难题，我们别无选择，只能从知识的海洋上匆匆掠过。

有两点需要声明。首先，我是一名记者，我可以不受专业的限制，自由地追随任何观点，还会傻乎乎地跨越学科界限，寻找答案甚至对它们进行整合。

其次，我十分关注公开辩论是如何产生观点的。无论理论怎么说（顺便提一句，我喜欢理论），有关既有知识的公开讨论（我不喜欢这种讨论）总是无法解决问题。为何我们常常不了解自以为了解的事物？或许，用更实用直观的方式来谈论这个问题能帮助我们找到更可靠一点的答案？若以正确的方式解读问题，就应该能删去一些假象，改变一些习惯，或许还能对建构实在论的发展起到些许激励作用。如果我没想错的话，这在一定程度上是一个想象力的问题：我们怎样才能把问题刻画得更生动，从而对它更警觉呢？这可能是某个异想天开的通才可以尝试去做的事。

比我想象的更令人吃惊的是，竟然有那么多人谈到了同样的问题：我们过去一直有些不自量力，如今终于清醒地面对了一个事实——人类的确取得了丰富多样的研究成果，它们令我们对世界有了强有力的认知，但生活并非是由这些认知所建起的一座辉煌灿烂的大厦。这些研究成果开始以惊人的速度瓦解。当科学家们重复利用彼此的成果时，这些研究成果往往难以奏效。诸位也许听说过复制危机，甚至还有专业危机，或者研究可信度危机。请对这个词稍做思考："研究"面临着"可信度危机"。我们不确定应该相信什么，甚至连那些专业寻找可信知识的人也不可信了。如果各地的"知识工厂"所提供的知识都不可靠，那我们就知道人类一定有麻烦了。据估计，大多数发表的研究成果都是不正确的。一位真正受人敬重的研究人员称：我们已经倾向于用稻草而非坚固的砖石来搭建高楼大厦了。

危机论可能有些言过其实，部分原因在于，我们不清楚这个问题是否真的比以前更加严重。它可能已经存在几十年了。无论如何，科学并未崩塌。它仍在产出大量的优秀成果。但如今，它无疑正在经历一个深刻反思其可靠性的新的非常时期。对局外人来讲，这无疑是令人震惊的。就连科学的捍卫者似乎也认同：近年来，科学的发展显露出了巨大的进步空间。

在英国脱欧公投期间，政治家迈克尔·戈夫（Michael Gove）曾发表言论称：

"人们已经受够专家了。"此话被大肆报道之后，关于专家的争论一时甚嚣尘上。老实说，戈夫并没有武断地对所有专家都嗤之以鼻。实际上，他的言辞十分谨慎："有些名称只有字母缩写的组织，它们的专家自称知道什么是最优解，却一直在犯错。人们受够这些专家了。"如果这些专家干的真是这档子事，那么大家厌恶他们也就没什么稀奇的了。戈夫没有说人们是否也同样受够了政客，我怀疑当时，他还不知道研究可靠性或复制危机，这些问题更加严重，且鲜少被报道。

本书是在更加严峻的背景下创作的：大众对社会和人文科学领域内的知识失效感到焦虑不安，加之还有一场运动使这种社会情绪进一步升级。这场运动的名称五花八门——"元科学"这个概念，诸位也许早晚都会接触到。有人说，这场运动是一股正能量，它表明至少我们正逐渐意识到问题的存在，也就意味着问题可以得到解决，反过来就能促进科学更好地发展。无论好坏，它都向我们传递了一个信息：我们太过于高估自己的发现模式、找到规律和探寻深层知识的能力，对于研究人员取得的那些华而不实的错误成果背后的反常动机，却又太过于疏忽。当你深入探究问题产生的背景时，你最大的感受是：许多才华横溢、动机纯良的人被卷入了一场机制风暴，他们苦恼又困惑。但当你涉猎了多门学科，你又无法忽略其他一些感受：窘迫、震惊、挫败、愤怒；有时是否定，更多的时候是一种改革的决心。总而言之，一场改革的气息扑面而来。

我们这些各行各业的旁观者应该深吸一口气，真正地反思我们所掌握的知识的来源。因为，科研成果的严谨性通常是较高的，可即便是科研人员，都会在无意中出现偏差，且存在差错的科研成果所涉及的范围之广，令人担忧。我们这些外行人还会以为自己能独善其身，免受其害吗？

这似乎是不可能的。现有知识所建筑的大厦正在逐渐坍塌，就像近期的"贫民窟清拆行动"一样。就拿许多令人瞠目的政治事件来说，唐纳德·特朗普和埃马纽埃尔·马克龙分别当选美国总统和法国总统，而两人相对来说，都是政治圈的圈外人。再如英国的脱欧公投，以及一位左翼议员杰里米·科尔宾在党魁争夺中脱颖而出。大多数观察人士曾预测科尔宾夺魁的可能性为零，而他当选后却牢牢控制着工党。有人说，甚至连"民主"也突然开始倒退。政治假设已陷入了如此境地：一位政治学教授公开质疑称，是否已经到了她和同僚们撕毁讲义、重新开始的时刻。

同样出现问题的还有经济和商业领域。随着全球性银行业务危机和金融危机的到来，全球经济深度衰退，复苏乏力，许多经合组织国家出现了持续的低生产率难题，加之一些主要经济体的平均收入遭遇了史无前例的增长瓶颈，所有这一切都令人不禁要问：此时此刻，我们是否需要哲学家口中的"认知谦卑"（对我们其他人来说，就是"认知有限"的苦果）来助我们一臂之力。如果我们以为自己无所不知，那就是在自欺欺人。

对科学研究的拯救至少可以做到令科研人员研究自身的差错，并且通过"元科学"这类运动，找出偏差原因，总结不同做法。"社会医生"开始自我治愈。他们找到了新的方式，来重新评估人类应如何试着探索、论证、分析证据和决定采取何种做法。这也使得本书通过各行各业的经验事例，得以借鉴他们的见解和方法。

当然，虽然困难重重，但知识的确是在向前发展的。我甚至认同这样一种观点，即当前面临的知识倒退实际上是以一种迂回的方式在推动着我们进步。我的观点并不是说人类注定失败，也不是说我们在尝试认知的过程中被误导。我的意思是，当生活只赋予我们 5 分的模式认知本能时，我们却情不自禁地将其发挥到 11 分。对于那些具有类似规律效应的重大作用力，我们常常做出大胆论断，结果由于过度自信，导致我们浪费了时间、金钱、才能和精力，却偏离了真正的进步轨道。我想要挫败那种过度自信。我希望我们所给出的结论的严谨性与求知的难度更相称。每一代人都不能忘记前人过度自信的苦果，要时刻警醒自我，还有许多知识等待着我们去探寻，许多伟业等待着我们去创造，最重要的是，永远铭记：生命的本质有多么难以洞悉。

我只有一个条件。如果你想把此书当成反对那些你不认可的证据的一个借口，或者因为我们被无知所蒙蔽，就认为任何人的观点都没错的话，就此打住吧。任何为了认知世界所付出的真正的、认真的、谦卑的努力，我都不想否认或阻止，也不想在推倒稻草大厦的同时，连同坚固的砖瓦楼房也一并推倒。看客们容易混淆概念，将此书视为反科学的犬儒主义的一部分，认为一切都是不确定的，因而我们无须探寻，无事可做。我完全反对这种观点。相反，我想得到更多确切的有力证据，使我们的决策和行为更加可靠。我完全理解，想要做到这一点有多难。我为那些真心实意地献身于这个难题的人们拍手叫好。这就是为何我们必须认清自己的局限，努力了解它们为何出现，更加谨慎行事，并积极验证所知所得的原因。有人曾说过，在某些时刻，世界会被虚假的怀疑主义所主宰，但真正的怀疑主义却寥寥无几。本书所追求的是真正的怀疑主义。我们的目标不是无所作为的犬儒主义，而是能做得更好。

在这种情况下，隐藏的那一半究竟发生了什么呢？

1. 真的有"蝴蝶效应"吗？

人生道路上的潜在影响

亲爱的读者，请稍做停顿，想一想，人生这条长链，不论是金铸的，还是铁打的，不论是荆棘编成的，还是花朵串起的，都是自己在特别的某一天动手去制作了第一环，否则你也就根本不会过上这样的一生。

查尔斯·狄更斯

《远大前程》，作于 1861 年

你惯于质疑。大理石纹螯虾这种生物太不寻常了，的确，它们留下了许多未解之谜，可说到底，它们也只不过是一种特异品种的小龙虾罢了。它们不是人，可能与人也没有任何相似之处。我们不知道大理石纹螯虾如何思考，假如它们会思考的话，我们无法通过询问来了解它们的思维逻辑，也无法通过近距离的观察，了解发生在它们身上的变化，从而得出决定性因素的作用方式和因果关系。因此，至少对我们而言，大理石纹螯虾的变异之源是未知的，这根本不足为奇。

再回到人类，我们总是禁不住在人身上找出各种模式。或许在人身上，我们至少能发现一些在大理石纹螯虾身上所看不到的隐藏因素，尤其是因为人类不像大理石纹螯虾，人们可以说出自身的经历是如何塑造自我的。

当我们在个人经历中找寻因果模式时，我们试图回答的问题是这些模式在多大程度上是真实的。它们在多大程度上具有规律性和一致性，进而可成为有用的知识范例进行推广？或者，人与人之间是否也像大理石纹螯虾一样，存在着颠覆我们认知的、产生神秘变化的暗知识?

为了找到答案,我们将在本章中查阅各种人物事例,诸位或许能从这些事例中厘清一些因果模式和规律,并了解这些规律能在多大程度上经受得住检验。我们将从迈克·泰森的人生开始展开论述。关于童年经历对自己的塑造力,这位前拳击手有许多话要说。他的故事对于我们思考塑造人生的那些因果模式,或许会有些许裨益。

■ 用固有知识是解释不通的

迈克·泰森出身贫寒。幼年时,他曾有过一个并非生父的父亲,没待多久便突然离开了。泰森一家数次在危楼里安家,他的母亲酗酒成性,会对任何惹恼她的人施暴,即使是孩子也不例外。

在《滚石》杂志的一篇人物简介中,泰森被描述成"靠打家劫舍,殴打他人和吸毒来'找到自己的身份'"。11 岁时,泰森第一次吸食可卡因,到 13 岁时,他已经被捕 38 次了。最终,他被送进了特赖恩男校,该校在其他地方被称为纽约最臭名昭著的少年监狱。正如泰森在他的自传中总结的那样:"我曾干过不少坏事。"

长大后,泰森成了他自己口中全世界最坏的人,并且他的犯罪记录还在持续增加。这何足为奇?成年后,他咬掉了另一位拳击手的耳朵,还因强奸罪锒铛入狱。可他还能落得怎样的下场呢?他第一个声称,暴力甚至比拳击更能定义他的一生。不过,下文还将谈到泰森的哥哥——罗德尼·泰森的例子。

"有一次,我妈和罗德尼那家伙在打架,"被人称作"铁拳迈克"的泰森在另一个访谈中亲口说道,"那场面太残暴了。罗德尼打掉了她的金牙,我和丹尼斯(泰森的妹妹)吓得尖叫。但我妈很机灵。她烧了一壶开水,紧接着我就只是知道她把开水泼到了罗德尼身上。罗德尼尖叫着,脸上和背上全是水泡。"

这位前重量级世界冠军将这些视为影响其性格形成的主要因素:"我曾认为女人在身体对抗中是不会甘拜下风的。从小到大,我的周围并没有胆小的女人。如果你睡着了，她们可能会杀了你。"我们可能会说，如果始于暴行，你的人生也会如此。过往决定命运，这并非是在为泰森的行为辩解。若没有罗德尼·泰森的事例，我们很可能会这么说。

在泰森的自传里，他的哥哥罗德尼在那些童年偷盗和被拘捕的故事中，扮演着重要角色，书中描述他曾用一把枪指着泰森。然而后来，罗德尼成为洛杉矶一家医院创伤科的一位专业外科助理，他的工作包括帮犯罪受害者做包扎。

我们认为，一个屡屡犯罪的童年对于一个年轻人的未来是极具塑造力的，那么罗德尼的事例又将如何影响这一观点呢？也许它很难令这一观点有所改变，我们会在脑中列出一长串的托词来解释这种差异。或者我们可以转变思路试想，罗德尼同样受到过去的困扰，但不同于泰森。他做出了反抗，抗拒他的出身所带来的影响，摒弃了家庭和周遭环境中的暴力和犯罪因素，转而倾其一生去尽力治愈他人的创伤。你瞧，他和弟弟的人生同样受到过去的影响，但他却反其道而行之，成了心怀慈悲的人。

但是，如果一样的童年却使兄弟俩成了截然不同的两种人，那如何确定成长背景究竟将他们引上了什么样的道路呢？是厌恶女性的暴徒还是以治病救人为天职的医生？当人生的起点是相同的极端环境，终点却相差甚远时，我们有几分把握确信，同样恶劣的人生开端，真的会对日后生活产生任何一致的影响吗？

泰森的人生中还有其他的复杂经历。在他十几岁时，一位拳击教练接管了他，这位教练像他的父亲一样照顾他，让他看到了一种充满高期望的优越生活。表面上看，泰森住进了一栋超大的维多利亚式的房子里，有人将其形容为豪宅。他的生活变得规律有序，但激励他的动机依然是邪恶的。只要我们愿意，泰森的故事很容易就可以套用"要因决定论"，但如今，我们真的能准确定义什么是因，什么是果吗？

也许你会说，泰森遇到他的拳击教练太晚了；或者，突然降临的优渥生活使他堕落；或者，教练在他上场前的激励话语使情况更糟；或者，年少时纸醉金迷、声色犬马的梦想给了这头猛兽最后一击；或者，这个喜欢鸽子、自称胆小羞怯的小男孩，在成长的过程中没有得到公平的对待。在做出以上种种揣测之后，你也许仍会坚持认为，任何与泰森有着相似成长经历的人，长大后，十有八九都依然会与他有着某些相似之处。

虽然这些推测中有些可能是真的，但我们也应考虑它们可能存在的局限性，因为这类推测本身也可能存在问题。事件在发生后有多少被披露出来？我们真的发现了成长的规律或一种因果模式，还是只是选择性地挑选细节，然后将它们编织在一起，用以证明我们所偏爱的有关儿童和青少年发展的任何理论呢？

有一个问题可以测试我们知识的局限性：如果一个男孩有不良行为，我们如何准确地判断他成年后一定会成为一个罪犯呢？是否某一类人会始终延续这种恶习，而另一类则会痛改前非呢？他们的成长背景有助于我们找寻答案吗？要知道，我们正在研究的并非年轻人是如何走上犯罪道路的，而是早期最极端的成长经历——一个屡屡犯罪的童年，是如何塑造成年生活的。

顺便提一下，诸位甚至可以以犯罪率最高的惯犯为例来考虑这个问题。在同类儿童中，情况最严重的孩子可以帮助我们了解：有些孩子成年后是否会改过自新或何时发生转变；或者与20多岁就已经改过自新的人相比，60岁还在入室抢劫的人的生活是否有某些特点。若能找到答案，则是否可以说我们至少找到了一些相似模式呢？

约翰·劳布和罗伯特·桑普森曾进行过一项名为"相同的起点，不同的人生：从失足少年到古稀老人"的研究，这是一项针对失足青少年的特殊研究，探讨了上述模式的真实性究竟有几分。

故事是这样的：

某一天，这两位社会学教授在美国哈佛大学法学院的地下室里，偶然发现了几个尘封的数据箱，箱里装着1000名研究对象的资料，其中500人在童年时期曾经发生过严重的不良行为，而另外500人虽成长背景相似，却没有发生过不良行为。这可真是一个绝妙的发现。原始研究追踪调查的对象，均为1928年至1930年期间出生于波士顿的孩子，研究一直追踪到他们32岁。约翰·劳布和罗伯特·桑普森先是分析了这些数据，然后重拾前人中断的研究，借以完成他们自己的研究，他们尽可能多地追踪这些研究对象，完成了针对犯罪行为的历时最长的一项研究。该研究涵盖了从诈骗到武装抢劫及严重的身体暴力等数千种犯罪行为。记录在案的被捕人员中，年龄最小的 7 岁，最大的 69 岁。

仅仅只是找到这些研究对象，就堪称一个侦探故事了。最后一个已知住址已经是 35 年前的了。社保记录残缺不全，登记的电话号码原本就不多，大部分还都已经失效。劳布他们猜测，这些研究对象可能已将自己的名字美国化，如将帕斯夸里改为帕特里克。于是他们转变搜索方法，成功找到了一些研究对象。最终，研究人员得到了波士顿警署凶案部悬案组的一位探案警官的鼎力相助。

当研究对象被找到时，有些人不愿开口。对某些人来说，那是陈年往事；对另一些人来说，则就是眼前事。有一个疑似与犯罪组织有关的研究对象，直截了当地让他们不要再打扰他。有些人已经故去。劳布他们在各种各样的场合采访这些研究对象，在他们家中，在汉堡店，在"老爹甜甜圈"店，在肯尼迪图书馆，在"一辆烟雾缭绕的、破旧的棕色老爷车"里，甚至是在监狱中。

研究人员所付出的巨大努力本身就很了不起，他们深信可以准确辨别出能引导罪犯改邪归正的影响因素，这个信念一直激励着他们。如果能了解罪犯的行为机制，也许我们就能改变他们。

尽管付出了这么多努力，但研究人员还是遇到了一个难题。他们意识到——"令我们感到既惊奇又不悦的是"——他们就是无法从手头的大量数据中，推测出某个特定对象在成年之后是否会继续犯罪。他们什么线索也没找到。尽管有些人似乎的确会固守在某些人生道路上，但大量证据表明，其他人是会改变的。但具体谁会执迷不悟，谁又会改过自新，何时改过自新，就完全是另外一回事了。研究人员将两种人的生活经历进行比对，一种是罪犯，另一种是与罪犯有着相似童年经历，但成年后却成为守法良民的人。他们仔细梳理那些不同的人生和经历，希望能找到可预示未来的线索，但却发现没有任何确凿的证据，能告诉他们哪个人会选择哪条路。有些少年犯不再犯罪，有些继续犯罪，还有些时断时续地犯罪。他们的成长背景无法解释产生差异的原因。因此，劳布他们的著作被命名为《相同的起点，不同的人生》。我们唯一能确定的是，大多数研究对象最终都不再继续犯罪了。无论你以何种标准将他们划分为不同类别，每个类别中研究对象放弃犯罪的梯度变化都是类似的,但就任何个体而言,他们放弃犯罪的过程却是无法预知的。

劳布他们的结论既明确又完整:

（我们）反对以下观点,即认为童年经历,如早年出现反社会行为、贫困的成长环境和糟糕的学业表现——是预测长期犯罪模式的可靠标志……认为个别"特征"——如语言表达能力低下、自控能力弱和乖张的性情——可以解释少年犯长期犯罪的原因……（以及）认为所有罪犯都可以分门别类,每种类别都对应着特定的犯罪轨迹和犯罪原因。

同样,他们也反对决定论,反对由童年因素可合理预测未来的观点……太多太多的结果无法用关注过去来解释。正如约翰·劳布在其他场合所说的那样:"我反复想起诗人盖威·金内尔的诗句——未来会粉碎所有预言。"

他们的结论甚至适用于最极端的情况。他们说:"想要凭借多种青少年和幼儿时期的风险因素,来提前识别终生持续犯罪者（犯罪性质严重、犯罪频率高的惯犯）,这并非不可能,但难度也是很大的。"正如一位评论家所说:"持续犯罪者的童年特征……与那些不再犯罪的人的童年特征是一样的。"

从某种意义上来说,这个研究结果是鼓舞人心的。"童年不能决定命运。"罗伯特·桑普森这样说道。至少在这个案例中,研究人员所遇到的挫折恰恰给世人带来了希望,他们提出:"这些失足少年都有着相同的不良背景——他们贫穷,有犯罪前科,许多人还被送进了同一间少管所,但成年后,他们中有些人一日不落地工作了 30 年,有些人却在 55 岁时因持械抢劫被捕入狱。"

在事后,人们倾向于虚构故事去找到看似合理的原因,来解释成年后的行为是如何被过往生活中的一些显著因素所塑造的。但在事前,在少年犯成长为持续犯罪的成年犯之前,想在他们身上找到因果关系却是十分困难的。谁会继续犯罪? 谁会改邪归正? 我们对此一无所知,只能说大多数人最终都不再犯罪了。我们之所以找不到答案,并非因为认知存在偏差,而是在于生活原本就迷雾重重。

劳布说,这个问题可以用一句古老的谚语来概括:人生需要回顾反思,但要想

过得更好，我们更要积极向前看。正如我们所知，尽管人生是由多种力量所塑造的，但它也会被生活所塑造——当人生的画卷徐徐展开，它也会受到特殊经历的影响，而经历，正如亨利·詹姆斯所写的那样："一种极为敏锐的情感，其在细节处所彰显的光芒是无限的。"

但这并不意味着我们对成长背景和犯罪之间的关系一无所知，这一点很重要。本书探讨的是暗知识，而非隐藏的全部。约翰·劳布和罗伯特·桑普森找到了有说服力的证据，证明在他们所说的"监护不力、管教不严或恐吓式教育，以及缺少父母关爱"的家庭中长大的孩子，更有可能成为少年犯。但这并非他们的绝对宿命，只是概率问题，不过差异是真实存在的。

让我们再回到暗知识。有这种家庭背景的孩子一旦犯罪，那么他们余生的犯罪模式与没有这种家庭背景的少年犯之间有区别吗？事实是，大概在15岁以后，二者之间就几乎没有任何区别了。正如研究创始人所言，无论是犯罪的类型理论，还是诸如低语言智商和双亲犯罪这样的风险因素，都无法提前区分出高犯罪率的惯犯和典型的不再犯罪者。关于年轻人如何走上犯罪道路，可能存在有限的、概率性的规律，但从他们的背景中，几乎无法推测出他们会如何摆脱犯罪。

说到这里，实践知识就可以派上用场了。我们所探讨的、需要人为干预的不是模范儿童，而是那些的确存在不良行为的孩子，我们想帮助他们改邪归正。但每当我们聚焦到那些问题儿童时，却总是找不到目标群体。

接下来我们提出的问题，与大理石纹螯虾案例中的问题相似：假如风险因素、类型理论，或者其他任何明确的因素都无法解释少年犯为何更有可能继续犯罪或停止犯罪，那什么可以解释呢？这个谜题更令人沮丧，因为乍看之下，我们仿佛能瞥见与停止犯罪真正相关的转折点——例如，建立一段稳定的婚姻关系或找一份稳定的工作等，这些都会以社会控制的形式发挥作用。我们会说，工作使人忙碌；婚姻可以起到一种检查的作用；一边服兵役，一边接受教育和训练，可以改善生活。这些会有助于停止犯罪吗？事实上，作用是有的，但十分有限。这里有一个问题是，我们不知道谁会经历那些转折点，或者，不知道他们经历中的哪些细节会帮助他们改邪归正。什么因素会促使一名罪犯去参军或进入一段稳定的婚姻？我们不能强迫他们走入婚姻(仅凭婚姻是无法停止犯罪的。真正起作用的,似乎是与日俱增的持久的承诺,但有些人的婚姻就没能做到这一点),也不能命令他们一直从事一份稳定的工作。另一个问题是,同样潜在的转折点可能对不同的人产生不同的影响。对有些人来说,监狱是他们洗心革面的地方,而对其他人来说,那不过是他们混乱生活中的一扇旋转门。如果我们想说,这是因为不同人的铁窗生涯一定是不一样的,那么没错,这正是问题的核心。因为可以想象,一个人的监狱生活可能取决于多种错综复杂的因素:从他们的狱友或看守,到他们自己的过往经历和心理状态、亲友的态度(他们是否来探视?探视时说了什么?),加之现行的政府监狱政策,也许还有监狱教育计划的实施程度,以及他们自己对上述这些因素及所有其他因素的不同反应。

那么,如果没有一系列明确的转折点,又会是什么呢?我们应该如何思考那些使人转变或延续行为的神秘变量呢?研究创始人倾向于使用的术语是"情境选择"。顾名思义,这个概念在本质上,似乎特指一种不确定的、高度个性化的转折点,它将不可预知的个人经历融入更广阔的社会背景。如果这个概念听起来似乎缺少硬科学的精准性,那么我要说这对它是有利的,或许也是不可避免的。

我们可以借用一个例子,来解释他们所说的"情境选择"。利昂(Leon)是他们的一个研究对象,在波士顿一个穷困的社区长大。家里有 10 个孩子,利昂就是其中之一,还有几个没长大就夭折了。利昂的父母都有包括攻击罪在内的犯罪记录。他们的家脏乱不堪,孩子也没人管。利昂 7 岁就开始逃学,11 岁第一次被捕。

利昂说他的转折点,是和一个女人的一次约会,那个女人后来成为他的妻子。"如果当时我没有去见我的妻子,那我很可能已经死了。"他这样说道。那天晚上,如果没有去赴约,他很可能和一个"后来去杀人"的朋友待在一起。

"情境选择"是背景、时间、环境和冲动的融合。既然如此,我们也许应该将人生长链上的每一环都考虑进来,正如狄更斯所言:"人生这条长链,不论是金铸的,还是铁打的,不论是荆棘编成的,还是花朵串起的,都是自己在特别的某一天动手去制作了第一环,否则你也就根本不会过上这样的一生。"也就是说,人生长链的每一环都将我们带到了生命中决定性的时刻。成年后的利昂,婚姻美满,他在一家甜甜圈店做了 30 年的经理，又在一家化工厂做了 12 年的实验室技术员。到接受采访时，他已经成为了一名房主，与妻子一起游历欧洲和美国，度过自己的退休生活。

另一个名为亨利的研究对象说，加入海军陆战队令他改邪归正。可奇怪的是，他两年前刚加入海事服务所，却因擅离职守而被不光彩地开除军籍。使他发生转变的并非参军这件事，而是第二次面临"情境选择"。当时他对自己说，如果不参军，就又会跟以前那帮朋友混在一起，重蹈覆辙。

还有一个人，本想辞掉工作，重回犯罪道路，他向妻子抱怨自己挣得少——他说："这点钱，我一天就能搞回来。"妻子却说："敢辞职，就不要进家门。"

他没有辞职，也没有被赶出家门。看上去，"情境选择"在这些时刻是适用的：一次约会、一个再三考虑的决定、一次责备，或者当时的一句"敢辞职，就不要进家门"。

"情境选择"这个词用得极妙。它表明，人类的决定是会受到影响的，如果我们能找到影响因素的话，就会发现这种影响甚至有可能是系统性的。但"情境选择"又将那些影响放置于某一特定时刻的特定背景中，辅以特定的个人经历，在特定的地点，加之当地文化的影响，或许还掺杂着特定的某种心情或思想。这意味着，我们还要将人的主观能动性考虑进来，这一因素是通过每个人自己的反应来发挥作用的。总而言之，"情境选择"是一股神秘的魔力，它融合了各种瞬息万变的影响力和即时情绪。因此，我们很难找到任何直观的规律。

劳布和桑普森这样写道："我们需要认真考虑终生犯罪行为中出现的显著异质性。"这听起来像是再次呼吁人们，更严肃地思考"噪音"的信号作用。"噪音"不是恼人的残渣，而是生活中的一个正向力。像大理石纹螯虾一样，人类也会因经历中的细微事件而发生改变——即使当我们以为每个人的人生轨迹理应清晰可见时，这些经历中的细微差别却使得每个人的人生难以预测。

再次重申，我们的基因是富有力量的，环境同样富有力量。二者都可以驱动人生，它们对人生的影响，有时是明确的，有时又带着极大的不确定性，以至于有些特例听上去就像是为了狡猾地推脱责任似的。

在下文中,我们将讨论有关强大的决定因素的事例。有些影响因素是我们明确知道的,它们在人生前方的道路上被清晰地标记了出来。

同样,还有其他一些道路是远不为人所知的,无论人们如何吹嘘自己已经找到了认知它们的方法——他们把自己的发现告诉你,并且还能让它成为你的发现,只要你开的价码合适,只要你愿意投出你那一票,或者再赞助一笔科研经费。我希望人们会争论说,我们的认知与实际情况是有出入的——我们自以为掌握的知识多于我们实际所掌握的知识,同时又不会完全否定系统性因果作用的影响,也不会建议我们停止寻找它们。 这是一幅伴着舞曲,踩着人生全部细微的、与众不同的、不可预见的转折点,蹒跚前行的画面。就像在地下室偶然找到的一堆数据资料,竟然促成了一项旷日持久的科研项目,还改变了我们看待犯罪的方式。

▌人类相似性的极限

关于像泰森兄弟这样的"相同起点,不同人生"的故事,有人回应说,虽然一个极端的过去可能以一些意想不到的方式,对未来产生消极影响,这意味着我们难以评估塑造人生的人的本性和个人经历的作用力,但这也是由于两兄弟的基因原本就不同而造成的。如果使他们走上不同人生路的不是环境,那就一定是基因。"情境选择"的概念,即若干不同影响因素混杂在一起共同作用。但情境选择表明,答案绝不会如此简单。然而,如果一种规律的来源无法解释,那么我们总会情不自禁地带着我们的假设,勇攀另一种规律的高峰。

所以,我们来进行一个比两兄弟相似性难度更大的实验,这次的研究对象是一对同卵双胞胎。我们就称他们为比尔和本。双胞胎会缩小产生差异的空间,在解释差异时也会缩小我们找其他借口的余地,因此,无论是差异的数量还是其他因素的影响都会相对较少。他们俩生活在同一个家庭中,上同一所学校,住同一个社区。这样一来,像大理石纹螯虾一样,比尔和本拥有相同的基因,共享相同的环境。这是两个个体所能拥有的最大相似性了。

情境选择

我们再给比尔添加一个精神分裂症的特征。于是，问题的关键在于：如果比尔患有精神分裂症，那么本也患有这种病的可能性有多大呢？

这无疑是一次良机，让你去检验神秘变量的影响力是否与你的预期一致，而对神秘变量的影响力的检验，是基于大理石纹螯虾实验，这相当于又给你提供了一个优势。要知道，我们现在所讨论的对象是人，变化的诱因应该更容易被发现。例如，如果是父母的行为导致了差异的存在，那么孩子们或许可以直接告诉我们。

精神分裂症的症状有幻觉，例如，听见恶言恶语或辱骂声；有被害妄想，觉得有人对自己图谋不轨；还有思想混乱，行为异常；感到孤独或情绪低落，丧失动力，以及注意力无法集中。无论对该病的预防还是治疗而言，找到病因都将是一件幸事。

你的第一反应可能是，一定有某个或某些基因会致病。于是你仔细查看精神分裂病人的基因组，看看是否存在异常。或者，某个基因会与环境中的某个因素发生反应，这个因素可能是某个污染物、病毒或压力事件。于是你会将注意力转向基因和一些环境的相互作用及影响方面。或者，基因的作用并没有那么重要，但糟糕的抚育过程却可能影响重大。

接下来，考虑到这对双胞胎的基因相同，成长环境也几乎完全一样，诸位可以猜测一下，如果比尔患病，那么本也患病的概率是100%，还是接近于0，或者是介于两者之间。需要明确的一点是，如果你认为精神分裂症纯粹与基因有关，而基因又是完全相同的话，那么如果双胞胎中的一人患有精神分裂症，那么据此你的推测应该是，每对符合条件的双胞胎都应该同时患有精神分裂症。

事实上，答案是接近50%。在一起长大的双胞胎中，约有半数的情况是其中一人患有精神分裂症，而另一人也同样患有这种病。

50%的概率不可小视。这意味着他们的患病率比整个人口的平均值高出50至100倍。一对双胞胎身上所能找到的规律一定是多于两个陌生人甚至是两个普通兄弟的，并且这些规律还能给我们一些启发。但是如果你要问——就像在大理石纹螯虾实验中一样——如果我们已经对一切影响因素都进行了解释，却还是只找到了一半的原因，那么这是怎么回事呢？这样的疑问也是可以理解的。如果双胞胎的基因一致,他们所经历的环境一致,在相同的社区生活成长,住同一栋房子,拥有同一对父母,吃相同的食物,上相同的学校等,那么还有什么其他因素呢?

或者,碰到大理石纹螯虾的案例之后,你怀疑一定还有别的未知因素。如果你这么想,那就对了。人身上也有某些重要的其他因素。这个也一样,那个也一样,可结果就是与我们预想的不一样。

与之前的案例一样,问题的奥秘就藏在暗知识中。我们知道,有半数的精神分裂症患者是基因(起主要作用)和相同环境共同作用的结果。这个事实并没能告诉我们,具体是哪些基因或相同环境中的哪个因素在发挥作用,但这些就是我们所能发现的全部规律了,它是一个开始——至少我们已经知道了一半的答案,但是,那另一半呢?

简而言之,答案依旧无人知晓,即使比起探究大理石螯虾,我们有更多的方法去探究人的生活,我们还是没能找到证据,来证实我们所期盼的那种重大因果关系的存在。如果它真的存在,我们现在应该已经注意到了。

在大理石纹螯虾的案例中,我们很难想象隐藏元素可能是什么。除水外,其他能观察的少之又少——而且我们对它们的习性也十分陌生。我们几乎不知道要找的是什么。而对于人,我们能够了解或想象出他们丰富的日常生活,这就拓展了我们思考的空间,可以去推测究竟是哪些微小的异常因素,有可能引发人与人之间的差异。然而,在现阶段,我们依然一无所获,如果我们希望这些因素变得更清晰,就只能深入探究他们的人生经历,并展开联想。

导火索可能是比尔成长关键期的一次令他不安的谈话,也可能是本成长关键期的一次安慰性的对话。可能是比尔社交生活中的一个糟糕的时刻,令他走上了精神疾病的道路。那个时刻之所以糟糕,可能是因为此前,比尔看见某个流浪汉睡在门口,使他感到沮丧,而本没有看到,因为他在玩社交软件 Whats App。因而从此以后,比尔看待世界的方式发生了变化。也许是某个电视节目,比尔在看的时候,本恰好去了洗手间?也许是因为他们不能同时与同一个人约会?会不会是比尔和本的一次互动(一次打架、一次争论或一场游戏),他们在其中的体验不同仅仅是由于两人所处的对立面不同?会不会是某个病毒攻击了比尔,却没有攻击本,恰好又是在一个关键时期，再加上比尔的遗传易感性，还有那次糟糕的对话、流浪汉事件和一通电话？或者只是一个因素导致了差异？或者多个能引起精神分裂症的诱因共同发挥了作用？

更难办的是：我们每个人的生活中充斥着数万亿的微小经历，包括视觉、听觉和感觉，我们如何才能找出哪些是影响因素呢？（尤其是如果这些因素的效果还要视具体情况而定——要知道，大多数时候，几乎发生的每一件事可能都不会产生任何影响。）这就意味着，如果某个细节有时可以决定一切，但在一个稍有不同的情况下，它又可能完全不起作用，那么我们如何才能知道它究竟是不是那个决定性因素呢？那次使比尔发生转变的谈话，换一个时间对本来说可能根本微不足道。每个因素的作用在不同时间、不同场合，可能是不一样的。

无论诱因究竟是什么，无论它们起初看起来多么微不足道，无论相似的经历在不同的场合所发挥的作用有多大区别，不得不再次声明的是：它们都在无形中与一股力量相抗衡，这股力量就是我们经常谈论的两个根本原因所形成的合力。这一事实本身就是一副良方，它可以纠正那些四处传播的、将人类行为解释得过于简单的做法。

这种未解之谜广泛存在。与诸多动物实验一样，许多以人为对象的研究实验都无法解释人与人之间在各种特征和疾病上的巨大差异——无论是我们通常所能想到的基因因素还是环境因素，都无法解释。

正如作家菲利普·普尔曼所言："一切触及人类生活的事物，都被一个模糊的半影区所包围，在这个半影区里的是关联、记忆、启示和对应关系，这个区间一直延伸到遥远的未知世界。"

暗知识里有太多的未知，它为知识的可靠推广界定了严格的界限，但正如从事大理石纹螯虾实验的研究人员所指出的那样——这是一个我们极少谈论的另一半。或者是因为我们不知该如何描述这些复杂难懂的影响因素，更别提如何应对了；或者是因为我们没有给这些影响因素以准确的名称，只是说它们使事物产生差异，但我们不知道它们是如何做到的。

有些人用"非共享环境"一词来形容这些影响因素，意思是它们并非家庭生活的一部分,也不被在同一个屋檐下长大的孩子们所共享,但它们一定在"某个地方"存在着。另一些人则并不认同这个说法,他们辩称这种分类实际上会掩盖一些偶发细节,如一次偶然的谈话(表观遗传起介导作用),基因偶发的随机变异行为,或者子宫内一次未被察觉的胎儿发育。

那么我们应如何称呼它们呢?又用回"偶然性"一词?或者"运气"一词?也许再加一个无奈的耸肩动作。运气和偶然性都是模糊的抽象概念,会掩盖真正的诱因,常被用来形容无法追溯的起因,有时还带着一种模糊的可能性。然而,这些无名的、隐藏的因素,却和所有已知因素加在一起的力量一样强大,我们所能做的,只有茫然地挥挥手,再另寻答案。这是一个因果世界,但即使头脑最敏锐的人也难以理解它,这也许就是他们中的许多人选择无视它的原因吧。

与我们所虚构的比尔和本类似的同卵双胞胎,一直是那些试图找出因果关系的研究的理想对象。这些研究的原理与大理石纹螯虾研究的原理相同:通过保持某些一致性影响因素,梳理出其他因素的影响。虽然多数人都认可双胞胎研究的实用性,但并非所有人都这么认为,本人就是质疑者之一。但是,我们能在多大程度上隔离那些塑造我们的影响因素呢?恐怕我们的能力总是有限的:我们不可能把人放进简易鱼缸里,使他们的环境标准化;我们无法坚称不同的人可以共享完全一致的经历,事实证明,就连双胞胎也无法做到这一点。

但是,我们可以再进一步。连体双胞胎可以帮助我们将实验原理发挥到在人类经历中所能观察到的一个极限,并且进一步压缩实验对象产生差异的空间。如果在这种情况下,还有任何差异产生,或许我们就能找到差异的来源了。

阿比盖尔·亨沙和布莱尼·亨沙各自拥有一个单独的头,但却共有同一个上半身和同一个下半身。(不过她们拥有两套内脏、两根脊椎和两颗心脏等。)她们俩各控制一只手和一条腿。连体双胞胎不仅基因完全相同,她们的抚养过程也几乎是完全相同的——至少我们是这么认为的。因此,她们的人生经历也一定是共享的。

她们是什么样的呢?她们在美国拥有独家的电视真人秀节目,于是我们便萌发了一个想法。表面上看,阿比盖尔和布莱尼宛如一人。她们一起弹钢琴,每人控制一只手,一个人负责弹奏左手的部分,另一个人则负责弹奏右手的部分。她们一起开车，各负责一只手，共同操控方向盘。吃饭时，一人拿刀，一人拿叉，两手轮流交替，一口一口地吃。无论走路还是游泳，她们必须协作完成，不过两人的学习速度都算正常。她们默契地简直就像一个人一样。

但她俩也有显著的不同。一个更容易感冒，还得过肺炎。小时候，一个喜欢早餐喝橙汁，另一个只喝牛奶。她们的衣品不同，睡眠习惯也不同。一个喜欢数学，另一个喜欢写作。一个人的脊椎过早地停止生长，于是另一个不得不通过手术来改变自己的脊椎。两人之间的差异程度和她们的相似程度一样惊人。在对她们适应连体生活的心理韧性和能力惊讶之余，我们也看到，她们各自都拥有独特的生活习惯和个性。

朱迪斯·里奇·哈里斯（Judith Rich Harris）就以另一对连体双胞胎的例子开篇，撰写了一本有关人类差异的书——《基因或教养》。她在书中写到，比詹尼家的两姐妹拉蕾和拉丹是一对连体双胞胎，出生在伊朗南部的一个小村庄里。两人在29岁时，死于分体手术。她们知道手术的风险——在德国，已经至少有一个医疗团队拒绝为她们做手术了，但她们宁愿承担这些风险，也不愿继续过连体生活了。

拉丹说："我们虽然连在一起，却是两个完全独立的个体……我们的生活方式不同，看待问题的思路也不同。"一个想去德黑兰当记者，另一个则想在家乡当律师。一个更健谈，另一个更矜持。就像朱迪斯·里奇·哈里斯书中所写的那样："她们为各自的独立而亡。"

双胞胎之间的确有明显的规律性——他们在性格、外貌等多方面可以达到惊人的相似度。但他们之间也有不同。无论是拉蕾和拉丹，还是阿比盖尔和布莱尼，在她们成长之路的某个关键点上，她们开始变得不同。尽管我们尽可能地否认她们之间的差异，但差异依然顽固地显现。差异究竟源于何处，我们现在是否离答案更近了呢？

朱迪斯·里奇·哈里斯自己的理论，淡化了一些大众普遍认可的重大因素的作用——例如，其中就包括父母的影响。她的这一观点饱受争议，这也不难理解。但她的观点却与针对收养双胞胎的研究结果格外契合。这项研究追踪调查了那些因某些原因而更换家庭的儿童，并特别关注双胞胎分开养育的情况。这些研究表明，家

庭的更换通常对孩子的成长影响不大，这意味着父母的养育对孩子的成长并不会产生实质性的重大影响。事实上，在同一个屋檐下长大的两个孩子，几乎不会比来自相同社会背景的任意两个孩子更相似。有些父母可能已经认识到了这一点，因为他们常常纳闷：自家那些性格迥异的孩子们真的是一个家庭里走出来的吗？反之，当着一对尽职尽责的父母的面说这话，一定会令他们震惊不已，虽然哈里斯的这一观点并未完全否定父母试图施加的每个影响，但总体来说，研究证据还是表明，父母的影响力只是我们这些当爸妈的一厢情愿，父母对孩子成长的真正影响比我们想象的要小得多。无论如何，用父母的行为来解释我们所讨论的这种差异性，似乎有待商榷，因为即使在连体双胞胎身上，我们也看到了如此显著的差异。我们不得不再次发问：如果诱因不是像父母行为这样的重大因素的话，那又会是什么呢？

朱迪斯·里奇·哈里斯的回答是：随着我们不断地成长，我们会敏锐地判断，并决定在不同的场合应该如何表现，我们会区分不同的人和环境，并做出相应的行为调整。对此，她写了以下这段话。

我相信，孩子们可以独自学会：如何在每个不同的环境中表现，在面对生命中的每个重要人物时如何举止行事。人类与生俱来的学习本领并不遵循这样的法则，即在一种情境下奏效的方法在另一种情境下将同样奏效。每当小婴儿哭闹时，妈妈就会把他抱起来喂奶，当小婴儿掌握了这个秘诀之后，他并不会由此推断，他的哭声对他的爸爸、姐妹或日托中心的其他孩子会产生同样的作用。做出那样的推断是愚蠢的，当然他也没有那样做。人类的大脑非常善于对事物进行细分，并将它们分类储存。

哈里斯将此称为"特定情境学习"（context-specific learning），意思是塑造我们的那些影响因素并非总是恒定的，它们的影响是会变的，因此，我们也会发生变化。在特定的时间、地点和人物背景下，行为模式也是特定的。地点发生了变化，人物也发生了变化，我们在不同场合、不同环境下，也就变得不同了。甚至连体双胞胎也会因彼此发生的变化,而拥有特定情境的经历。总之,"特定情境学习"听上去就像是"情境选择"的近亲——意味着某个情境下的几句话就能塑造一个人的一生。

以上(该观点经过大量缩减)就是哈里斯认为人与人之间产生差异的原因。不过,她所描述的那些行为感觉上可能过于周密,过于刻意,仿佛我们都是眼光尖锐的大战略家,在如出一辙的环境中仔细分辨出一丝细微的差别。或许有人的确可以做到这一点,但其实大多数人都很难意识到这种差异性。不管怎样,令我印象深刻的是,哈里斯的论述与约翰·劳布和罗伯特·桑普森关于情境选择的论述十分相似,二者的立论都基于对细节的彰显。这种细节指的是那些我们偶然遇见,并在当时当地做出反应的经历。就像连体双胞胎的例子一样,在这些先天和后天的重大因素保持一致的案例中,相较于这些细节是如何发展成重要特征的这个问题,经历中的微小差异就是导致个体之间差异的全部诱因的这一事实显得更为重要。还能有什么其他因素呢?不是基因,不是环境,那就只有经历中那些最微小的变量。(再次重申,除非我们默认还有另一个因素的存在,那就是控制基因表达的任何物质都可能产生的生物随机性。)与大理石纹螯虾的情况类似,我们不得不假定:大差异始于小细节。

1987年,罗伯特·普洛明和丹尼斯·丹尼尔斯在《国际流行病学杂志》上共同发表了一篇颇具影响力的文章。他们在文中写道:"究竟是环境中的哪些因素,使在同一个屋檐下长大的孩子们产生了如此巨大的差异?一个令人沮丧的预测是,真正起重要作用的环境因素可能是那些杂乱无章的、异常的或偶然发生的事件,如事故、疾病及创伤之类的,这一观点在许多人物传记中都得到了证实。"

令人不解的是,他们竟然将这一结论形容为"令人沮丧的"。原因并非是他们认为这个结论是错误的,而是他们担心这恐怕就是正解。异常事件或偶发事件是无法研究的。如果对某个人起决定性作用的事件是在公交车上的一次碰面,那么你根本无法从他的人生中找到系统性的因果关系,而这对于那些一心找寻系统性诱因的人来说,无疑是令他们感到沮丧的。

即使我们声称现在讨论的环境确实是"非共享的""非系统性的"或"异常

的"，但我仍不确定"环境"是用来形容这些影响因素来源的最佳词汇。它可能会给人一种印象，让人以为这些环境因素是可能被改变的，而实际上，我们连它们的源头都无法追溯。无论如何，如果神秘的外部世界所发生的事件会影响到我们的内心世界，那么从某种程度上来说，这种外部因素一定会有所显现。它可能借由表观遗传的介导作用而产生影响。所以生物学也被认为是一门涉及机制原理的学科，而究竟是什么触发了这种机制则依然扑朔迷离。在我看来，就人类知识进化所处的现阶段而言，试图将作用于内心世界的虚幻效果与外部世界的模糊影响结合起来，进而形成一个普适的原理，完全是痴心妄想。罗伯特·普洛明和丹尼斯·丹尼尔斯凝望着这个"噪音"，感到恐慌。考虑到他们毕生的研究，这也不难理解。这就是那暗知识，在那里，既有知识和已知规律的使用都受到了限制。

2018 年秋，正值本书处于校订的最后阶段时，罗伯特·普洛明发表了涵盖他毕生所得的工作总结。这篇名为"基因图谱：DNA 是如何塑造我们的"的总结，其内容摘要中提道，基因是影响人类生活的首要系统性因素，而后天环境的作用远比人们通常设想的要小。"这么说，差异的真正诱因是遗传，而不是环境？"有人在稍早前发布的一篇评论中这样问道。人们对这篇总结的诸多争议可想而知，但在通篇论证中，有一点却鲜少被人注意到：虽然罗伯特·普洛明证实了基因是最强大的系统性影响因素，但他也同时提道，在使我们产生差别的影响因素中，基因只占到了 50%。那么其他的差别又是由什么引起的呢？"……据我们近些年的研究所得（这些影响因素），大多是随机性的、是非系统性的、不恒定的，这意味着我们对它们根本无从下手。"

换句话说，这些诱因是隐藏的、神秘的。我们不得不再次不厌其烦地重申这一观点：在任何机制中，都有 50% 的诱因是无法溯源的，这暗知识的影响力与其他所有因素的影响力一样强大——这些内容在整篇总结中占据了较大篇幅，却极少受到关注，如今的情形依然如此。为什么人们会倾向于忽视这一观点呢？所有人争论的都是规律性的因素：基因的系统性影响。那么那些不规律的因素呢？

▌无限相似，但依然不同

我说过，连体双胞胎几乎是人类相似度的极限了。请注意：是"几乎是"。还有比之更甚者。在亲兄弟，甚至是双胞胎和连体双胞胎之上，想想那最不可再分的情况，就只剩下我们每个个体了。

即使是在同一个人身上，也存在差异，而这差异就写在你的脸上。从你的脸正中间自上而下画一条直线，左右两边脸虽然大致对称，但并非绝对对称。造物主尽其所能地发挥她的作用，可结果依然是不规则的。那么问题来了：如果连造物主都做不到，我们能做到吗？

你可能会说，轻微的不对称说明不了什么。那就来一个更严重点的，就以一个女人为例，假设她一侧乳房患有癌症。某个因素引发了那种癌症，那么在知道她受此因素影响的同时，她的另一侧乳房也患癌的概率有多大呢？

如果她对于某种特定的癌症有明显的遗传患病风险——会引起像 BRCA1 或 BRCA2 这类基因突变——那么她双乳最终都患癌的概率是高于其他女性的。不同基因的突变概率各不相同。但就 BRCA1 而言，在年轻时首次被诊断出乳腺癌的女性，她们在未来 25 年里发生 BRCA1 突变的概率为 40% 至 60%；而对于 50 岁或 50 岁以后首次被诊断出患乳腺癌的女性来说，她们发生 BRCA1 突变的概率只有前者的一半或更少。在这种情况下，基因的力量更加持久。

大部分乳腺癌不是这样的。不过，无论病因是什么，它肯定会同时影响双乳。我们几乎对它们的相似性有十足的把握。它们共享相同的空气、相同的衣服，相同的供血系统为它们输送相同的营养或毒素，它们的基因也相同。它们在基因（G）、环境（E）和经历（Ex）这三个方面，达到了你所能想象的近乎完美的对应。它们不应该也有一个近乎完美的对应效果吗？

除了携带 BRCA1 和 BRCA2 基因的女性外，单侧乳房患癌的女性，其另一侧乳房也患癌的实际概率，并不比从未患过乳腺癌的女性高多少。如我所言，对这些患癌风险的预测值各不相同，但表 1-1 所总结的，似乎是一个比较合理的预测。

表 1-1　对侧乳房患癌风险预测

总体来说，女性一生中患乳腺癌的概率	以前曾患过乳腺癌的女性，其另一侧乳房癌症的概率	
12%	所有年龄段	17%[20]
	50 岁以上	13%[21]

一位女性一生中首次患乳腺癌的概率是 12%，相比之下，如果你的一侧乳房曾患过乳腺癌，那么另一侧乳房的患癌概率会更高，但不会高得离谱。就这一结论而言，比起自己的"孪生姐妹"，另一侧乳房与从未患过乳腺癌的陌生人的乳房要相近得多。

然而，一侧乳房患有乳腺癌的女性，自然会担心自己的另一侧乳房也会受到影响。这种担忧是基于人们普遍假定诱因的作用会扩散。据近期的另一项研究表明，许多女性出于这个原因，选择同时切除双乳。但她们的担忧可能被放大了。

这项研究的主要发起人——上野伊织，在接受美国肿瘤学会的采访时说："人们过分高估了对侧乳房患癌及死于乳腺癌的风险。"研究表明，这已然成为人们武断地选择手术干预的一个驱动力。人们凭着主观臆断，想当然地假定，在极其相似的情况下，同一个诱因必然会引发相同的结果。可实际上，这种想法很不靠谱。再说一遍，看似"相同"的情况其实并不相同。

与往常一样，我们又不得不再次提问：为什么我们期盼的规律性并未奏效呢？接着又不得不再次得出结论：这些愿望受到了微小而神秘的差异的干扰，这种差异既难以察觉又难以预测。如果是在同一个人体内，那我们就只能从细胞或亚细胞层面来为这些差异寻找立足点了，因为这种特异性是从最微观的结构中萌发的。关于这一点，有一个理论解释说，即使是单个细胞，也容易受到不同经历的影响——仿佛每个细胞也都有自己的生平履历，在其中，生命那神秘的变量也留下了它的印记。牛津大学医疗统计与流行病学教授理查德·佩托曾写道："仿佛每个细胞都拥有自己的传记故事。"他说："细胞很可能需要历经数次不同的必要变化，才能够增殖，甚至演化为癌症的起源。"他还联想到，这个观点或许可以解释为何他的哥哥

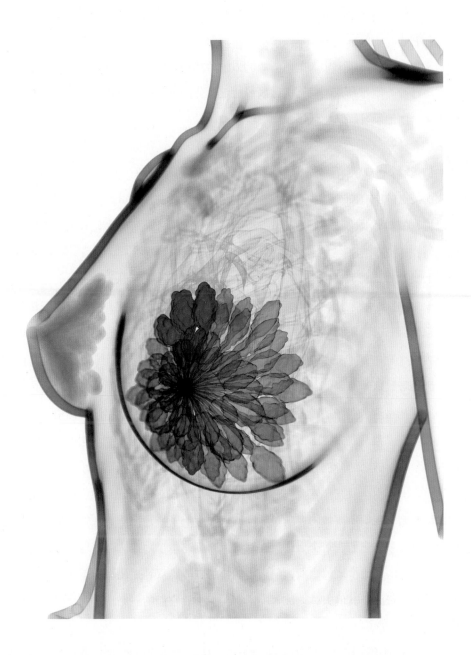

患有癌症，而他却没有患上癌症的原因。

"他的一次变化正好影响到了一个细胞，而那个细胞在几年前已经经历了另一次必要变化，因而就朝着恶性方向发展了；而对于我来说，那第二次变化所影响到的，是在之前经历过变化的细胞旁边的另一个细胞，因此我并未受到影响。除上述不幸事件外，散布在我们肺部的已经经历过变化的细胞数量基本相同，只不过我比较走运，而他没有那么幸运罢了。"

理查德·佩托还写道："有些人认为，总有一天，我们终将完全理解整个差异产生的过程。可是坏消息是，即使到了公元 3000 年，有关细胞易感性、环境特征和代谢特点的所有细节，我们都能一一阐明，但想要完整充分地描述出癌症诱发的全过程，依然需要借助'好运'或'厄运'的帮忙，才能解释为何我的哥哥患上了癌症而我却没有的事实。"

如果这些诱因只作用于我们的某些部位，而非全身，那么在同一个人身上的任何简单的因果联系就会变得复杂了。人体有无数个结构细胞，我们根本无法掌握有关它们每一个的所有知识，不可能在每种情况下，都能明确知道为什么癌症攻击了体内这个而非那个细胞，甚至不知道为什么它攻击的是这个部位而不是其他部位，因为导致这一结果的，可能只是这么多细胞中的某一个所发生的神秘变化。理查德·佩托将这个问题的核心归结为"运气"。我一直避免使用这类词语。主要原因是，若将"运气"和"原因"混为一谈，就会妨碍我们探讨人与人之间的差异性。这个话题的大部分内容就没有讨论的必要了。在所有情况下，运气和原因都会起到一定的作用。我在"宏观微观大不同"一章中，对这个问题做了进一步论述。而此时此刻，我们所要做的，就是认同：那种影响了特定细胞、在特定部位引起变化的神秘变量，它们在每个大小层面、每个时刻、每个地点，巧妙地穿梭在每种力量、每条法则和每个规律之间，创造着独特的差异。双乳上出现的差异，同样会出现在睾丸、肾脏及其他人体内成对的器官上。虽然它们的一切都是共享的，但我们依然能在它们之间看到差异。

我们试图追溯那些隐秘的不规律因素，聚焦到小之又小的差异空间——我们的研究对象，从亲兄弟到双胞胎，到连体双胞胎，再到同一个人，甚至是同一个人体组织内的不同细胞。这样做的目的就是为了表明,缜密有序的人类思维遇到了最狡猾的对手。我们可以厘清外部世界的所有因素,创造出无限相似的程度,但却依然无法用任何理性定义、既有法则、其他力量或发现来解释人与人之间那毫无规律可循的差异。在这些差异面前,所有有关人类的知识都不再奏效,并且这种情况将一直延续下去。我们竭尽所能地追求绝对的一致性,但隐藏的那一半依旧难觅其踪。

▍一只鼻子引发的差异

迈克不是罗德尼。比尔不是本。拉蕾不是拉丹。就连我的半边身体都与另外半边不完全相同。无论还有什么其他因素能解释差异的存在,最微小的无形因素对于差异的产生都一定起到了助推作用。

正如罗伯特·普洛明所言:人物传记可以揭示这一点。它们读起来仿佛是证实意外力量的铁证,这里的意外力量指的是那些使我们走上另一条人生道路的偶发的小事件。接下来,我们将听到一个关于一只与众不同的鼻子的故事,它将有助于使更多的无形因素显现出来。

鼻子是一个非常个人化的东西。在有关社会生活的故事中,它对一切事物通常不会产生任何重大影响。鼻子的作用没有明显的规律性,并且遗憾的是,也没有任何课本是专门介绍鼻子和它们的社会影响的。鼻子,既没有倾向性或趋势性,也不涉及平均值或概率的问题。我们所讨论的,甚至不是广义上的鼻子,而是一只特殊的鼻子。

在这个独特的故事里,这只鼻子成了一系列事件的一个转折点。转折点通常都带有戏剧性,这是在有关模式和可能性的描述中所欠缺的。但这并不意味着人们生活中的那些可能性不重要。我的观点很简单,就是究竟哪些因素有助于我们展开联想,探寻到人生的奥秘。人们在叙述时,会提到细节、特殊的选择、某些时刻和事件,他们在讲故事。在这些故事里,我们会发现类似于"滑动门时刻"这样的因素,也许是一次偶然的谈话、一个意外事件、一次会面或一个巧合——就是那些只发生在你身上的、闪着异样光彩的微小经历，如她说出"敢辞职，就不要进家门"的那一瞬间。

言归正传，流行病学家乔治·戴维·史密斯讲述的一个有关鼻子的故事，引起了我的注意。

查尔斯·达尔文年轻时游手好闲，可众所周知，他后来却成了科学家中的翘楚，是那个最危险的理论——自然选择进化论的奠基人。他是如何从懒汉变为科学巨人的呢？不难猜想，个中缘由一定十分复杂，但达尔文本人却时常提到他的一个特征——鼻子的形状，起到了重要的作用。

到目前为止，贝格尔号航行是我生命中最重要的事件，它对于我的整个职业生涯起到了决定性的作用。但这次航行完全是基于两件小事：其一，我的叔叔提出要驾着马车，赶近50公里的路，把我送到什鲁斯伯里（Shrewsbury），没几个叔叔能做到这一点；其二，我鼻子的形状。

直到后来，达尔文才知道，为了那次著名的航行，贝格尔号的船长罗伯特·菲茨罗伊想找一位有绅士风度的同伴同行，并且他认为一个人的面相可以透露出这个人的性格。而达尔文就差点因为自己的鼻子，与这次航行擦肩而过。

正如达尔文所言，这些并非唯一的特殊因素。我们再来更严格地梳理一下。达尔文的父亲原本希望达尔文能当一名牧师，他对达尔文说，他不允许达尔文去航行，除非有一位正直的人建议他去。于是，达尔文的叔叔约书亚·韦奇伍德在出航前几天，赶到什鲁斯伯里去见了老达尔文一面，及时劝他同意让小达尔文上船，这才挽回了局面。他的叔叔说："他对自然史的研究，虽肯定不专业，但对于一位牧师来说，也是大有裨益的。"就像16年前，惠灵顿公爵在谈到滑铁卢战役时所说的那样，"真是有惊无险啊"。两个细节，一个幸运的小伙子，成就了一段传奇历史。

再来看看乔治·戴维·史密斯所讲的另一个故事和另一个转折点。这个故事与其说是一个确定的事实，倒不如说是一个思考实验，因为我们永远也无法知道真相。

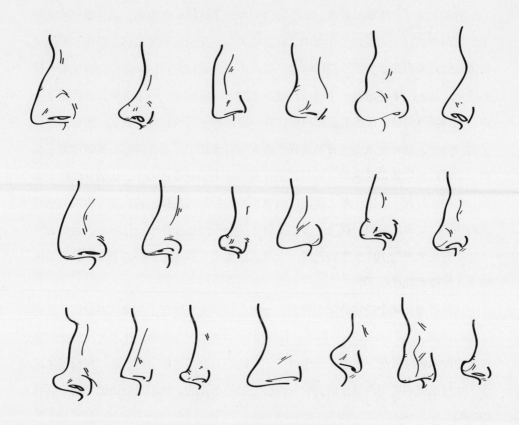

但可以肯定的是，某种类似的因素——某个关键但隐秘的细节——无数次地令一个人的生活风云突变。

《太阳报》曾刊登了这样一张图片，温妮·兰利正在借着生日蛋糕的蜡烛点燃一支香烟，她正在庆祝自己的100岁生日。这位老人已经有93年的烟龄了（算算看：7岁开始抽烟，一天5支，就是将近17万支）。温妮理应数年前就死了，不是吗？

乔治想象了一下她的故事，他的脑海中浮现了这样一幅画面，那是数年前的一个寒风凛冽的日子，温妮正在家中"吞云吐雾"，完全没有意识到癌细胞正在她的咽喉深处逐渐形成。突然，门口响起了敲门声。温妮应声开门，发现门口站着一位邮递员，他的手中还拿着一个包裹。就在此时，一股冷空气钻了进来，温妮咳了一声。这声咳嗽将第一批癌细胞排出了体外，温妮的生活轨迹被改变了。假如邮递员早到一分钟，她可能永远也看不到那个百岁生日蛋糕了。或许，那一声咳嗽救了她的命（不过，假如你也抽烟，可千万别指望咳嗽也会救你的命）。从某种程度上来说，她的确得救了。鉴于此，我们认为是某种无形的因素救了她，这一想法似乎是说得通的。生命的奥秘一次又一次地隐藏在了一些偶然事件中。几年前，温妮去世了，当时距离她的103岁生日只有一个月。据报道，后来由于视力下降，看不清火柴头，她便索性戒烟了。

这就像是在某个决定命运的时刻，一颗小石子突然掉进了生命的池塘里，激起了阵阵涟漪。人们不会说："你瞧，我是受到社会力量的影响，并因此与那支翻唱披头士的乐队的成员尼尔生了三个孩子。"她们只会描述称，自己是如何在阿尔比恩·比特尼克书店用西班牙语词典来吸引尼尔的目光的。她们只会谈论"那个特殊的时刻"。

奇怪的是，这些故事通常都带来了美好的结局，而且无处不在。2016年年初，披头士的制作人乔治·马丁去世，音乐评论人佩蒂·帕普海兹连发数条推文。

披头士要想成为有史以来最伟大的乐队，他们必须成为一系列反常意外事件的受益人。但凡任何一个意外事件没能发生，他们成功的先决条件就不会如现实那样按部就班地一一满足。我们在此可列举的意外事件数不胜数，它们涵盖了生活的方方面面。从他们的父亲都没参加过"二战"(因此得以活下来,这才有了孩子们的降临),到乔治和保罗小时候乘坐同一辆公交车去利物浦学院,因而成了好友……还有约翰·列侬,常常一副桀骜不驯的摇滚青年模样的他,竟乐意让更年轻的、同样有才华的麦卡加入他的乐队……还有约翰和保罗都是年幼丧母……这样的意外事件不断上演着。但奠定他们演唱道路的最主要的幸运事件,是帕洛风公司的经理乔治·马丁的到来。他在其他唱片公司都回绝了他们的情况下,毅然决然地与他们签约,乔治·马丁接受了他们想把自己的歌曲放在首张专辑A面的想法……他(准确地)发现,彼德·贝斯特作为一名鼓手,魅力不足,实力有限……录制喜剧专辑的背景,令乔治·马丁拥有了丰富的声乐知识和开放的思想,从而能够将这几个音乐鬼才最奇幻的想法一一实现。他并没有满脸遗憾地对他们说,逆录声乐太麻烦或听起来太奇怪了……不仅如此,在《明日不可知》一曲中,他接受了保罗向斯托克豪森致敬的想法,协助其将循环的笑声和失真的乐器声录进了歌曲中。当他们带着各种稀奇古怪的想法找到他时,他并没有摇着头对他们说:"很抱歉,孩子们,那样做有点儿麻烦。"他正是《我是海象》和《艾琳·卢比》的编曲——乔治·马丁。意外就这样不断上演着。

奇特的意外事件可以成为每个活着的人的座右铭:如果没有它,我们谁也不会走到今天。一只鼻子、一辆公交车及类似的细节都可以推动历史的发展,至少它们能以精准独特的方式与其他细节结合,如好心的叔叔和突然降临的机会,所有的意外事件都在一个特定的文化和知识背景下川流不息。这些细微的因素包括生命中那些特殊的时刻,还有日后能卷起惊涛骇浪的那些不为人知的点滴细节,就像特定的公交车,再加上特定的制作人,这一切都将那四个小伙子引向了成为"史上最伟大乐队"的方向。

系统研究是无法揭示这些影响因素的。我们只能从故事中获得启示,看到了这些因素的多样性,可即便如此,我们也常常无法确定故事的真实性,不确定我们是否不顾实情,只一味沉迷于在事后将那些梳理出来的经历过分予以合理化。故事的作用是启发读者,而非昭示结论——在这些故事中,蕴藏着大量的特殊影响因素。

但是，也许你依然无法信服。你有一大堆反驳的话要说。你会抱怨说，如果我们只关注生活中的特殊事件，就会忽视系统性因素的影响，如在美国，对有些群体来说，坐牢是一个普遍的经历。你说的完全在理。2009 年，据社会学家布鲁斯·韦斯特恩估测，在 35 岁以下的高中就辍学的黑人中，超过 2/3 的人会在一生中的某个阶段过上铁窗生活。近年来，虽然这一惊人的数据有所下降，但到目前为止，你依然可以理直气壮地坚称，系统性的模式和概率依然意义重大（我们将在下文中继续探讨这个例子）。

冒着引发一场有关"大因素"和"小因素"的影响力之争的风险，我首先认可这类事例的说服力，但同时我不得不重申：我们对这两方面因素的关注是失衡的，这就导致我们对自己的认知和掌控力过度自信。在所有的影响因素中，有一半是我们已知的，还有一半是未知的。许多人都在关注已知的那一半——那是系统性因素、规律和概率所构成的一半——对此我并无异议。我和他们一样着迷。但毕竟，还有未知的另一半。

的确，本书内容极少涉及上述人群的观点，即鲜少从大众视角讨论趋势和概率问题——这是本书的一个局限——但它也反驳了那些虚荣自负的论断，即这种纠正是急需的，必要的。人类的认知力给我们搭建了太多的稻草大厦，我们必须承认这一点。

因此，我们惯于从故事，而非趋势或概率中，找寻生命的奥秘，这种直观的做法，虽然有时会令我们忽视同样塑造我们的那些更重大的系统性的影响力，但它并没有错。这两方面影响因素是共存的，而真正制约我们认知的，恰恰是难解的另一半。

▌经历：第三种影响力？

为了生动揭示差异产生的根源，我们已经引用的事例有一只鼻子、一声咳嗽、一辆公交车、一份工作、一句话，还可能有一次谈话。有一种方法可以将这些杂乱的事例归纳起来（尽管这样做可能有悖于这类探究的宗旨），那就是将它们统称为"经历"。相较于"噪音"这个名称,"经历"会给神秘的第三种影响力增添一些积极的色彩。这样我们就得出了一个新的影响力组合:基因(G)、环境(E)和经历(Ex)。

这一组合在某些情况下得到了证实。德国的研究人员先后于 2013 年和 2015 年公布了一项研究的若干成果,研究内容是,使看上去相同的生物产生差异的究竟是什么。这次的实验对象换成了小鼠。他们将 40 只近亲繁殖的、基因相同的小鼠,放在"极其丰富的"环境中,鼠笼分为好几层,内含玩具、隧道、喷水口等,但所有这些都是共享的,所有小鼠都从同一个地点出发。研究人员还在小鼠身上安装了转发器,从而对它们进行追踪。

起初,有些小鼠对外界环境会更好奇一点。这第一个差别究竟是因何而起,又是如何产生的,我们很难知道——那是一种无形的因素。但相较于其他小鼠,这些小鼠会更频繁地用鼻子到处嗅一嗅。从这个微小的差异开始,它们之间的差异越来越大,因为一个细微的因素会引发一连串的经历发生。它们最初的好奇心引发了更强烈的探索欲。那些更具探索性的小鼠的大脑发生了明显的变化(具体来说,就是拥有了更多的海马神经元)。社交能力上的差异也出现了。这些差异与日俱增,逐渐趋于恒定。

在它们生长过程中出现的某个微小细节,就仿佛是一根撬棍,在它们的未来撬开了一条裂缝,显露出不同的生长路线。《科学美国人》杂志报道了这个实验,并评论称该实验表明,决定个体生命的不止有基因或环境,还与"你对它们的体验"有关。

研究人员的第一份报告发表在了《科学》杂志上。他们在该报告中称:"我们的研究结果表明,在发育过程中突显的因素会导致不同个体在大脑结构性重构和行为两方面产生差异。"据报道,德累斯顿工业大学和德国神经退行性疾病中心的一位行为遗传学家——格尔德·肯普曼,也是这个实验小组的成员之一。他曾说,他们已经找到了人类个体特性的神经学基础。肯普曼还在一次采访中说道:"影响个体特性的不仅仅是我们的基因或外部环境,还有我们的经历,每每想到这里,总是倍感欣慰。"

这观点听起来很有道理，只不过没能充分解释不同经历是如何转化为不同行为的。尽管如此，由于经历是丰富多样的，这就足以打破我们认为万事皆有规律可循的美梦。正如作家亨利·詹姆斯所言："凡是印刻在记忆中或可以被思想所感知的一切细节，都不可能是无足轻重的。经历就是这些细节的集合体，与这些细节一起，在我们的生命中熠熠生辉。"

有些读者可能会觉得，这与混沌理论的观点有些相似。该理论认为，初始状态下的一个细微差异终将导致彻底的混乱。对混沌理论最著名的解释就是，新墨西哥的一只蝴蝶扇一扇翅膀，就能在中国引发一场飓风。这种事很可能从未发生，但类似事件却可能会发生。人生中同样细微的琐事也可能在未来引发一场人生风暴，这似乎恰好回应了混沌理论的观点。

你可以在网上找到无数证实混沌理论的精彩事例，对于那些不熟悉，甚至可能是质疑微小差异影响论的人来说，这些事例倒是值得一看。这其中，我最喜欢的，是一个关于"共同的开端，不同的结局"的巧妙类比。它用3个简单的、一模一样的、连接在一起的钟摆来打比方。它们同时从几乎同一点（误差可能只有0.5度）被放下。起初，3个钟摆都沿着相同的、相对平滑的弧线摆动。但没过多久，它们的摆动就出现了细微的差异。又过了数秒之后，整个局面就完全失控了，3个钟摆四处乱摆，不再有任何对应摆动。

然而，在因果体系下，混沌的特征通常是潜在规律的出现。所以从这一点上来说，上述类比对我们人类就是失效的，因为在人类事务中，我们会不断重置"初始"环境，这是我们不得不考虑的一点。无论面对哪个时刻、哪次特定情境下的选择，或者某个经历中的任何小细节，我们似乎都要重新启动类似混沌反应的可能性。我们的初始环境永远无法恒定，就更别提产生后续影响了。

不过，有意思的是，同样是想到这些微小的、甚至可能是难以察觉的初始因素可能引发的问题，格尔德·肯普曼就觉得欣慰，而罗伯特·普洛明和丹尼斯·丹尼尔斯却只觉得学术前景令人沮丧。面对生命的不确定性，我们的反应方式显然不止一种——我们还将回到这一观点上来。

2. 不断变化的自我

产生信仰和选择的未知因素

关德琳（Gwendolen）……她的性格中有着丰富的多面性——这常会吓坏他人——会表现出不同的，不，是相互矛盾的倾向。麦克白所谓的不可能有多对矛盾事物同时存在的说法，指的是矛盾的行为必然无法同时并存。而更微妙的情感，即使相互矛盾，也可能同时并存。我们无法在口吐忠言的同时心怀叵测地保持沉默，我们无法在杀人的同时又不杀人。但一瞬间却又足够宽阔，足以同时容纳忠诚和卑劣的欲望，足以让古怪残忍的想法与悔恨的有力回击同时共存。

乔治·艾略特

《丹尼尔·德龙达》，作于 1876 年

的确，也许你的生命之舟航行的方向，是由某些神秘的力量操纵着舵柄来决定的。关于你究竟是如何走到今天的，也许有一半的因素是未知的，这部分原因我们可能永远也无法了解。但既然你已步入成人世界，那么无论你是走哪条路来到了这里，你的一切都会趋于稳定。你的思想已经形成，处世态度也基本定型，你的行为和选择都是你的本心的表现。正如传统的精神分析学、神经学和心理学所传达的信息那样，我们的信仰、选择和行为逐渐根深蒂固，并趋于稳定。

但另一种全新的、激进的观点认为：你我在当时当地所做的决定，通常与深层次的、根深蒂固的信仰关系不大，更多的是受到当时正在发生的细微事件的影响。也就是说，即使我们已经成年，但那暗知识神秘因素却依然在影响着我们。这种影响会一直持续，它会不断地干扰我们认为正确的自我认知和个人信仰。

我们对此的第一个反应可能是感到荒谬。显然，人们的思想、选择和行为都是对他们重视之物的表达。他们的观点反映出他们的价值观，而价值观通常都是根深蒂固的。人的思想是很深邃的，毕竟，那里住着真正的自我。思想是相对稳定的，它就像是一本记事簿，上面记载着我们一路走来的数年经历和回忆。

但是，华威商学院的行为学教授尼克·查特提出了一个颇具争议的观点，他认为我们的思想是具有惊人的局限性的，还辩称：思想不是纵深的，而是平面的。

他说思想是有形状的，这是什么意思呢？意思是，"深入思想内部去找寻永恒真我"常常是个错误的比喻。不用向内，也不用深入。尼克说，真我通常比我们想象的更浮于表面。这意味着在许多情况下，你的本质并非恒久不变，或者说，根本就没有本质可言。

尼克说："恒定的价值观和效用论是不存在的。""我们所谓发自心底的偏好和欲望都是虚幻的，它们都会随着时间、地点的变换而不断重塑。"他认为，在一个多世纪的时间里，心理学家和精神病学家都在努力探索表层思想之下的深层思想。"思想是平面的"这一观点却意味着，他们的所有努力都是白费力气，因为大多数行为都源于表层思想，而表层思想又极易受到外部世界不稳定因素的影响。这些左右我们决定和选择的影响，可能是最细微、最稍纵即逝的，就像黑影迅速掠过平坦的思想表面一样。尼克说，但我们通常不会这样想，因为我们不断编造更深层次的理由来（向我们自己和他人）解释我们自己。但这个更深层次的理由是在事后，而非事前建构的。"我们每时每刻所想象的、偶尔会拜访的那个丰富的精神世界，实际上只是我们每时每刻所编造的一个虚幻的故事罢了"。

正如尼克所言，选择和信仰随时都可以不断被重塑。我们在做决定时，真正的过程是：下定决心，虚构想法，即兴而为。意思是，只要时间、地点稍有不同，只要那个黑影的影响稍做变化，我们的决定就可能不同。

总而言之，对普通人来说，尼克的整个观点太过骇人听闻，难以信服。我原本也是坚决持反对立场，直到有一件事的发生，摧毁了我笃定的观念，证明了平面思想论的真实性。

▋ 混乱的思绪

在过去的几年里，我曾在英国广播公司电台主持了一档有关行为科学的节目，名为"人类动物园"。尼克·查特就是我们节目的常驻专家。节目的一个固定环节，是演示一项著名实验。有时，我会充当实验的小白鼠；有时，我们会邀请听众或其他公众来参与实验。

在我们演示过的所有实验中，有一个实验最令人印象深刻。我认为当时所有人都惊呆了，现在也依然如此。事情发生在一次选举之前，当时我们找了一小群人，问了一系列有关他们的政治信仰和立场的问题。

这些问题几乎涉及了公众所关心的方方面面——包括社会不公、自由、医疗、国防、社会保障或福利、移民、海外援助、欧洲——大家公认的是，每个人心中一定会有一套合情合理的固定答案，这一点也许是显而易见的。可能每个人对答案的具体细节想得没那么明白，但答案的大致轮廓，每个人是清楚的。

我们让实验参与者按照从 1 到 10 的标准，以二选一的方式选择他们的政策偏好。例如，如果让你在国家应该在政府提供的医疗保健上加大投入，还是缩减开支并减少税收这两个选项中进行选择（1 代表绝对支持加大投入，10 代表绝对支持减少税收），你会怎么做？

我们一题一题地问完，然后停下来喝杯咖啡，表面上装作在整理答案。过了一会儿，我们又回去和实验参与者讨论他们的答案及选择那些答案的原因。

不过，我们动了手脚。我们原样保留着他们原始的答题纸——纸上有他们自己的笔迹，上边还写着他们的名字，以便让他们察觉不出来有什么异样。但是，所有他们的答案在 3 到 7（并非态度坚决的 1 或 10）之间的题目，我们都将选项调换了一下。于是，原来的 7 代表的是支持"缩减开支并减少税收"；而现在，7 代表的是支持"在医疗保健上加大投入"——变成了与原意完全相反的意思。

奇妙的一幕出现了。当我们要求他们解释一下自己的答案时——此时的选项已经被对调了——他们基本都会给出解释。他们忘记了不久前自己才选择了站在其中一边，而此时竟站在了另一边。他们公然地自相矛盾，遗憾的是，却根本没有一丝矛盾感。

他们面前那张留下自己笔迹的纸，就是他们真实想法的证据——或者说他们以为是这样的。而现在他们所辩护的，是篡改后的答案。我与其中一人一同坐了下来，他原本是认为减税比加大国家支持的医疗投入更重要——而此时，我听他侃侃而谈的，都是为何加大医疗投入更重要。他的解释认真、明智、清晰，没有一丝迟疑。他并未感到困惑。他顺利地接受了这个新的答案，认为这就是对他的真实想法的合理概括，并不遗余力地解释说明。但是，他正在辩解的，是一个自己未曾表达过的偏好，而他却根本没有注意到这一变化。

瑞典隆德大学的一位研究员——皮特·约翰森将这一奇怪的现象命名为"选择失明"，他是较先开展类似实验的人员之一。皮特的经典实验是让人们选出最吸引自己的面孔，然后在他们不知情的情况下，说服他们改变观点。

"她简直光芒四射，"一位男性实验参与者兴奋地说，"如果是在酒吧里，相比于另一位女性，我更愿意去接近她。我喜欢戴耳环的女人！"这理由听起来颇具说服力——反正他是说服了自己——遗憾的是，他最初选择的却是另一位女性。

事后，84%的实验参与者表示，如果在他们身上进行了篡改答案的实验，他们肯定不会上当，但实际上，75%的参与者都中招了。除此之外，他们被引导而为其辩护的选择常常会成为他们更固定的选择，仿佛为其辩护对他们的选择起到了决定性的作用。这令我们想起了一个老笑话："我怎么知道我自己的想法，除非我已经听到了我要说的话。"

虽然我们坚信自己的信仰和偏好是根深蒂固的，但实验表明，它们常常（显然并非一直）很容易被操控。最令人震惊的是，当我们的实验参与者被暗示做出某个选择或相信某件事时，他们不是深入内心去探究，而是直接对当时的某个特定线索做出反应，以及产生想要保持言行前后一致的错误想法。

他们的确务力思考，但不是为了探寻自己真正相信的事物。他们深入思考，是为了寻找自我辩解的理由——为了找到一种说法，来为一个并非他们最初所做的选择辩护，这个选择是我们提示他们做出的。倘若你觉得自己的信仰和选择是深深扎根于心底的，我也可以理解。尼克说，但如果你觉得我们都有一本记载着牢固信念或态度的记事簿，那这只是你在事后对自己选择的合理化。这是我们在做出决定之后，给自己编造的一个故事，不是在事前，也不是在事中。

你可能会说，如此明显的前后矛盾的说法只会发生在那些政治觉悟不高的人身上，那些有更深层次信仰和知识的人是不会出现这种情况的。那么我们该如何看待马修·帕里斯的例子呢？他可是英国前国会议员兼《泰晤士报》专栏作家。2018年4月，他在某一周的《泰晤士报》专栏里评论说，允许国会对军事行动投票并行使否决权是荒谬的，结果在接下来的一周，他却发现自己之前曾发表过相反的言论。他曾作为某委员会成员，被委任对增强国会权力提出建议。所以看起来，前后两次他都曾认真思考过这个问题。后来，帕里斯大方地承认了自己前后矛盾的言论，也承认自己当初的第一个想法，是把这个问题搪塞过去了。

我们怎么能在不同场合想出如此不同的观点，然后还依然相信它们呢？原因就是在我们所持有的众多相互矛盾的观点和信念中，有些可能是我们依稀记得的，有些可能是从脑海中一闪而过，稍纵即逝。大多数人的脑海中，并没有一幅有关世界观和世界本源的单一的、清晰的大图景（那些声称自己确有这幅图景的人可能会有些焦虑）。我们的脑海中可能会有许多画面。这些可能是无法调和的，我们也许会将它们原样储存在那里。在我们的整个成年生活中，我们听到过关于国家医疗和税收的争论，这些争论似乎一直在继续，我们可能永远也无法解决这个问题。

我们很难从这些碎片中拼凑出一幅巨大的、清晰的画面，原因有很多。尼克花了一些时间，在他的书中探讨了这样一个事实：我们的知觉系统——包括视觉及其他感官——无法捕捉到世界的全貌，但能迅速从表象上一掠而过，仅仅捕捉到一连串细节。他认为，在这一串细节之下其实空无一物，他还辩称，思想就是一连串碎片化的印象。

据此，我们有理由得出以下结论：我们的大脑无法胜任对一个稳定的世界形成稳定印象的任务。这样一个结论就又把问题抛回到了认知领域。但我认为还有一点很重要：在脑中勾画出世界全貌的理想是用一个不可能实现的愿望来贬低我们的能力。简而言之，世界太复杂、太庞大、太混乱，根本无法一笔画就。我们经常从相互矛盾的碎片中观察这个世界，这一事实同样证实，我们需要感知的外部世界宽广无垠。

当被提问时，我们就会在脑海中所储存的所有过往碎片中，找出一个我们信以为真的答案。我们曾经听说过、考虑过、发现过许多我们信以为真的想法，还将它们存储在脑海中，但这些想法却只给我们留下依稀模糊的印象——那么在这之中，答案会是哪一个呢？尼克对此有一个形象的比喻：这就像是从我们随身携带的又大又乱的知识衣橱里拽出一条我们所相信的想法。今天拿着的是一只蓝色的袜子，明天可能就是一只红色的。这可能完全取决于当光线照进来时我们注意到的是哪一只。究竟是什么使光线投射到蓝色袜子上，以至于它被最先注意到呢？答案通常是环境中的一缕无形的光线，它就像阳光和黑影，从我们平坦的思想表面一掠而过。

即使我们确定，自己偏爱啤酒胜过烈性酒，偏爱某一个政党胜过另一个，支持减税而非加大国家对医疗的支出，而且要撼动我们的决心需要很大的力量——当然肯定不是在一些浅显的琐事上——但这些"根深蒂固的"偏好显然不是思维模式的可靠表现。尼克·查特对平面思维的研究是一件极其罕有的事，他用一系列引人入胜的概念所搭建起来的这个观点，既大胆又可信，同时也是对我们认知的一次冲击。

我们的实验参与者都是聪明有主见的人，他们觉得我们有可能试图操纵他们，所以对此保持着警惕。即便如此，他们中有些人的偏好还是发生了天翻地覆的变化。同样，我们中的许多人都是即兴做出决定的，也许是最后与我们交谈的那个人影响了我们，也许是各种各样的偶发事件影响了我们——例如，有人告诉你，你上次曾说过什么话，即使是假的，你也可能会受其影响。所有这些也都是组成每个个体的重要部分。更确切地说，这些数百万个微小的、常常是无形的、多变的部分组成了每个个体，它们会受到近期的经历或环境中的微小变化的影响。

尼克·查特的观点与心理学上的一个最经得住检验的发现是一致的，这一发现经受住了由研究可信度问题所引发的质疑浪潮。心理学家特蕾莎·马尔托说："这是心理学所取得的伟大发现之一。我们找到的证据表明，人类的大多数行为都是受

到环境的提示，且我们往往是意识不到的，环境的这种影响远比我们人类所愿意相信的要大得多。"

我们并不如自己所想象的那样善于深思熟虑，我们的行为也并非沉思之后的产物，这与我们的想象也是有出入的。缺少了这只"深思之锚"，我们必定会或多或少受到风浪的影响，在不同观点之间摇摆不定。我们的想法是多变的，因为我们所受到的影响是瞬息万变的，所以我们对它们的关注必然是零碎的。真正的难点在于说服我们承认这一点。

2017 年，英国财政研究所的一位研究员——海伦·米勒做了一项小实验。她想借助一个民意调查，来测试信息对人的观点的影响力。她和她的同事们向实验参与者们提出了一个简单的问题：总体来说，你认为英国的税收体系公平吗？

米勒说，这个问题太宽泛了，涉及了方方面面的情况，很难说调查结果是否真的能起到什么作用。但有一点是肯定的，它可以帮助我们了解，在面对不同的信息架构时，人可以变得多么善变。

在回答问题之前，实验参与者们被随机分成了三组。

第一组只被问到问题。

第二组（"富人缴税多"组）除被问到问题外，还得到了以下两组真实数据。

- 近年来，所得税的起征点有所提高。当前，每 10 个成年人中就有 4 人无须缴纳所得税。
- 所得税缴纳体系呈倒金字塔型。收入最高的前 10% 的纳税人所缴纳的税额占全部税额的 60%。

正如研究人员所说，这就是"富人缴税多"组。以上两组数据当然有助于加深"富人缴税多"这一印象。也许你也有同感。

第三组（"富人缴税不多"组）除被问到问题外，同样得到了以下两组真实数据。

信息对人的影响

- 收入最多的前 10% 的所得税纳税人的总收入高于收入最少的 50% 的所得税纳税人的总收入。
- 收入 4.5 万英镑的纳税人若再增加 1 英镑的收入，就将面临与收入 14.5 万英镑的纳税人相同的税额。

据我们所知，所有这些数据都是正确的。

海伦·米勒说："这项调查的结果是显而易见的。在得到任何信息之前，51% 的实验参与者认为税收体系是不公平的，因为富人缴纳的太少了。"但在得到信息之后，调查结果发生了巨大的转变。在"富人缴税多"组，因为富人缴税少而觉得纳税体系不公的比例降到了 33%。而在"富人缴税不多"组，这一比例跃至 72%。海伦·米勒说："我们对公平的看法，取决于近在手边的信息。"这一说法正好呼应了尼克·查特的观点。

我本人是倾向于支持此类鲜少涉及的研究主题的，它以精挑细选的有关税收的信息测试实验参与者。而当我们测试他们是否坚持己见时，却发现他们的前后言论缺少一致性。令人惊讶的是，他们的观点竟如此多变。我们原本认为自己的信仰和选择应该是恒定的，并且以为自己已经掌握了所需的全部信息，能够坚持己见。在被问到某个问题时，我们会将所有相关信息都装在脑海中，然后立即将它们调出来，再仔细权衡；或者是遵循一条原则，一劳永逸地解决这个问题，而这条原则能够抵御出现在我们周围的任何新信息。如果说我们有什么错，那就是，我们不是错在无法坚持己见，而是错在我们误认为自己理应会坚持己见。

当有人要求我们解释自己的信仰和选择时，我们有几次会说那是受到意外事件的未知推动力的影响呢？"只有当我在酒吧听到的最后一件事影响了我，使我从我的思维衣橱中拉出了一只红色袜子时，我才有可能相信这种说法……"毫不夸张地说，我认为在这一点上我们可以达成共识，那就是在我们的自我认知以外的另一半因素，它潜藏在某个未知领域。这些附带参考信息的问题是一项民意测验的一部分，该测验的参与者，是一小群非代表性的民众，他们是通过在线点击的方式参与网络问卷的。海伦·米勒说："但调查结果确实能帮助我们阐述一个事实，即少量信息就能彻底改变人们的既有观点。"

性格是稳定的，但并非永远如此

在经济学及其他学科领域，人类一致性问题是一个饱受争议的大课题。其中最激烈的一个争论，是关于一致性与合理性之间的关系：为了保持合理性，我们是否也必须在一定程度上保持一致性呢？我不打算为争辩的任何一方说话，但我要说的是，我们高估了自己的一致性。正如经济学家约翰·凯所言：你可以始终如一地坚信，在花园的尽头有仙女。一味地保持一致性在一定程度上是荒唐的。约翰还援引了拉尔夫·瓦尔多·艾默生的话："愚蠢的一致性是头脑狭隘之人的心魔，却尤为政客、哲人和牧师所喜爱。"

我们的观点是：一致性远非衡量合理性的必要标准，甚至可能根本无法衡量合理性。邓肯·沃茨是一位社会学家，同时也是微软公司现任首席研究员。我很认同他的一个观察结论：我们用来指引人生的那些格言警句常常是自相矛盾的。我们说"物以类聚，人以群分"，但也相信"异性相吸"。我们说"久别情深"，但也说"久违情疏"。我们说"三思而后行"，但也说"当断不断，必受其乱"。当然，我们在不同的情境下会引用不同的格言。于是，有人会说：啊，但那正好表明人是多么始终如一啊，他们实际上只是在编造一套固定的偏好以适应不同的环境。要是我们能知道所有的细节，就能看到人们的行为实际上是多么一致了。但是，这种说法剥夺了一致性的所有意义，因为它们永远不可能得到证实。想要证明某个人拥有坚定的、始终如一的信念或行为，就意味着必须罗列一张清单，上面包含所有必须考虑的背景因素，甚至包括生活中所有的神秘环境因素。所以，我们可能会比有时所表现出来的更专一一些，但反正我们永远也无法知道答案了，或者，想达到始终如一的目标，因而给我们设定的是一个虚构的标准，这样一想，我们就能获得稍许安慰了。

对此，我的观点一贯是：若我们能跳出思维局限，将问题放到整个世界的层面上去看待，那样就不再有所谓错误或不合理的问题了，这样做对我们也许有所裨益。为此，我们说，世界太过于瞬息万变，错综复杂，我们不可能在普通的经历过程中，用一套一致的、可预测的模式来理解它。邓肯·沃茨认为，那一大堆碎片化的、逻辑不连贯甚至是相互矛盾的观念，每一条在当时似乎都是正确的，但却无法保证在其他任何时间也是正确的，以上所描述的这些观念也被称为"常识"。常识听起来像是所有事物最直观的规律，但正如沃茨所言，事实证明，常识只是一条盖在一团乱麻上的舒适的毯子。面对人类一团混乱的决定和判断，那种认为这些显然需要整理的态度或许是不对的。如果让你做出选择，是在固有的无序中创造更多的有序，还是调用一些临时冒出的想法来应对？哪一种更好？这可能完全取决于环境。不过，我们至少可以试着诚实一点，不要将"临时起意"粉饰成"深思熟虑和前后一致"。通常，我们都是在受到外界强烈影响之后，即兴而为。对此，我们最好还是大方承认。

有一些例子可以证明信念出现不一致也是合理的，其中我最喜欢的，是有关一个名为反污水冲浪者（Surfers Against Sewage，SAS）的组织的事例。我曾在一篇有关风险承担的文章中写到过这个组织。因为人们普遍会认为，我们应该可以给每个人都设定一个风险预测或风险偏好。换句话说，风险是可以用一个简单的概率来表示的——如死亡率——因此，我们可以根据危险程度，对不同活动进行排序。这两种说法都假定，在我们需要承担风险的行为中，应该存在某些可衡量的固定风险值。

反污水冲浪者组织却不符合这一理论。他们乐于在水中开展冒险活动，他们所面临的潜在风险包括溺亡、水母、海浪潮汐、冲浪板和绳索，还有坚硬甚至可能布满岩石的海床，它能令你筋断骨折，也的确发生过此类危险事件——事实上，他们尽情享受与这些冲浪元素之间的较量——但他们真的、真的不想冒险在污水中游泳。我觉得他们做得没错。在我看来，他们的态度似乎是极其明智的。但是，他们的风险偏好究竟是高风险，还是低风险呢？至于具体的风险概率值，就更别提了。哪一种活动元素更危险呢——是冲浪还是污水？这几乎已经不重要了。你可能会辩称，反污水冲浪者之所以抗议，并不是因为污水会带来风险，或许更多的是出于厌恶。倒不是说出于厌恶而抗议有什么不对，但只要去读一读他们的宣传材料，你就会知道，他们说自己所担心的正是污水带来的风险。他们还提供了一个名为"更安全海事服务"的预警系统。"这是全国唯一的一个监测实时水质的应用程序，可以保护所有用户免受水污染的侵害。"他们这样说道。

由此可以得出的一个结论是：他们对待风险的态度会因实际情况的不同而发生微妙变化，会在不同因素的影响下合理调整，这些因素包括他们是否选择暴露在某个风险中，是否觉得能从风险活动中获益，是否感觉自己可以掌控风险，是否喜欢风险活动的形式，以及在他们眼中风险活动是否是自然的、公平的，等等。按照风险认知心理学的说法，我们的想法将随着面临的不同风险而变化。鉴于这种复杂情况，我认为在此事例中，并没有稳定一致的行为规则，更无法用简单的数字来概括"风险"进而判断出他们可能做出的行为。这种风险值也不应该存在。几乎唯一相关的事实是，人们在特定的时间情境下，会产生特定的偏好，从而使得他们对各种各样的风险和价值也产生了特定的观念。他们的观点是前后不一致吗？按照某些标准来看，也许是吧。这种不一致性是合理的吗？绝对是的。

心理学文献表明，无论其他人是否参与风险活动，快乐、痛苦或表现出来的任何其他的性格特征，都是我们和对方普遍接受的共识。他们了解自己，我们也一样。在有关性格特征的文章中，似乎有证据表明，虽然随着时间的推移，我们展现出来性格特征的强度会有所改变，但这些特征的排序——我们在内心的自我排序和他人在我们身上所看到的这种特征排序——通常保持不变。在我们看来，我们自己和他人的性格都是相当稳定的。

但是，心理学文献也表明，我们在不同情境下的不同行为，似乎并没有太多规律性，性格特征排序的一致性也大大降低。正如温迪·约翰逊在她的《成长差异》一书中所言："周五晚上成为派对活跃分子的那个学生，在一周当中的课堂上可能连说话都慢吞吞的……或者有的人可能十分乐意品尝异域文化的食物，但实际上却不愿意到展现那些文化的国家去实地旅游。而其他人可能正好相反。这就是说，如果我们将某个性格特征放到特定的环境中去评估，那么这个环境将极大地影响到该特征的展现程度。"这一观点与朱迪斯·里奇·哈里斯关于情境不同则行为不同的想法不谋而合。

那些被我们贴上"自信"标签的人可能的确是自信的——他们在外人面前表现自如——或者至少看上去如此，但他们在某个更亲密的聚会上可能会有些惴惴不安，在某个商务会议上可能表现得默默无闻。即使是那些在亲密聚会上表现自信的人，也可能只是与某些朋友在一起时才这样，而在其他朋友面前却没有这么自信。虽然一旦了解了他们，你就能预测到他们在每个场合的行为（大多数情况是这样）。但最终，我们不会将他们定义为"自信"或"不自信"。他们在某些特定情境、特定时间表现自信，而在其他情境时间则不然，这可能与他们最后与之交谈的那个人有关。总而言之，我们的行为有时看上去有些反常和古怪，这并没什么奇怪的；相反，如果我们的行为似乎总是一如既往，这倒是令人惊讶的。

"你的性格如何？"回答通常是"看情况"。不仅如此，正如温迪·约翰逊所说："人们……会将心理内容加入到对自身处境的评价中，他们会习惯性地将特定情境的某些方面与先前的经历联系起来……即使是性格特征相同的个体，也可能用不同的方式来评估相同的处境。"我们的行为、信念和选择显然不是随机性的，但它们也并不如我们以为的那样有规律。

进一步解释一下这个观点，这次，我们来测试人类另一项特质的一致性。在以下事例中，我们似乎不难做出规律性的假设：一位外科医生的医术。我们可能会说，如果你的医术很好，那你就会一直很好。但在此例中，一个人"优秀的"特质能保持得多么稳定呢？

在20世纪90年代中期，宾夕法尼亚有一位医术精湛的外科医生，他专门开展冠状动脉旁路搭桥手术（CABG）。哈佛大学的研究人员便跟着他从一家医院到另一家医院，以对他进行追踪调查，一同接受调查的还有许多其他医生。冠状动脉旁路搭桥手术就是从大腿上取一根血管，将其植入心脏，从而让血液绕过狭窄部分。为了不透露他的真实姓名，研究人员为他设定了一个代号——医生D，他有2/3的手术是在同一家医院进行的，而其余1/3的手术则是在另一家医院进行的。这项工作最典型的特征就是自由。外科医生一般都会四处游医。那么他在两个医院的工作比较起来会怎么样呢？

在 1 号医院，他的病人死亡率是 0.7%。在这里，他表现得很好，而且是一如既往地好。而在 2 号医院，即使调低了患者患病的严重程度，他的病人死亡率依然高出了 5 倍之多。在那里，他的表现并没有那么出色。

这种差距究竟是与医院有关，还是与他本人有关呢？哪一个是主要影响因素呢？通过对多家医院的多位外科医生的比较（他们参考了过去 2 年在宾夕法尼亚做过的所有冠状动脉旁路搭桥手术），哈佛大学的研究人员认为，他们能够从中梳理出不同的因素。

他们的结论是，与两者都无关。对手术表现起到直观、重大影响的两个因素——医院或他的医术——对于最终差异的产生并不能起到决定性作用。不同的外科医生所面对的医院环境是不一致的，外科医生在不同医院的行为也是不一致的。

最重要的似乎是外科医生和医院的组合影响。产生更好手术结果的，既不是医生 D，也不是 1 号医院，而是两者的特殊组合。这种组合的效果，从本质上来说，是无法转移的。对于别的外科医生和医院来说，其他的组合方式效果更好。

正如我们时常被迫求助于想象力一样，哈佛大学的研究人员展开想象，来推测能够解释他们研究结果的无形因素。

（某位外科医生）也许知道，某家医院的外科护士在手术过程中通常不会说出可能出现的问题，但如果她们提出了警告，那就意味着问题非常严重。她也许逐渐熟悉了和她合作手术的麻醉师的各种操作习惯，或者当她想要快速得到她的一位痊愈病人的可靠消息时，她也许能察觉到自己可以去找哪些住院医师。不难想象，这种熟悉度有助于这位外科医生在手术中表现得更好。相反，还是这同一位外科医生，如果她需要跋山涉水去另一家医院做手术，并且她在那里手术的次数相对较少，那么，熟悉第一家医院所带来的好处可能就无法延续到第二家了。不仅如此，由于对环境的细微差别缺乏了解，她在第二家医院的手术表现也会因此受到影响。

这几乎就像那群大理石纹螯虾一样，不同的组合会带来不同的动量，这有助于产生不同的行为。我们并非独立于世，若没有同僚的帮助，我们不可能"做好"。

我们也不可避免地要与外界互动——而互动就会带来一个神秘的、多变的世界。我们的重点不是要辩称人们的表现是绝对无规律可循的。没受过外科手术训练的人，无论去哪家医院做手术，都是危险的。奥运会的新科冠军，即使在下一个周末，换一个体育馆，也不会变得毫无竞争力（尽管获胜的并不总是同一个人）。我们想要强调的，是一些错误观念，就是想当然地把一些看上去明显可以推导出的结论当作事实——"如果你的医术很好，那你就会一直很好"，而且这些错误观念很容易产生。

3. 你以为你以为的就是你以为的吗？

来历不明的差异，颠覆了我们的认知

我们泛泛地思索，细细地生活。

阿尔弗雷德·怀特海

《英国人之教育》，作于 1926 年

把从生活的某个实例中获得的知识运用到另一个实例中，就是我们的生存之道和发展之源。我们当时是那么做的，成功了，所以这次我们也会成功。我们确信自己的知识可以推而广之。无论是建造了一座避难所之后再建一所，还是计划将一个商业帝国全球化，或者是烤一个蛋糕，过往的经验就是我们的行动指南。本章将进一步聚焦：人类的这一天性是如何失效的。

要论经验推广最失败的实践案例，非企业的海外扩张莫属。那些在国内环境下拥有丰富实践的企业，或者以为自己经验丰富的企业，总会将目光投向海外市场，以期复制自己的成功。

例如，2016 年，澳大利亚的西农集团收购了英国的一家家居 DIY 连锁店——哈贝斯。西农集团在澳洲本土取得了极大的成功。但两年之后，他们的这次海外扩张被英国《财经时报》形容为"在英伦之滨上达成的糟糕的交易之一，总亏损高达 10 亿英镑"。据报道，西农集团已同意以象征性的 1 英镑贱卖该项业务。

股东活动家斯蒂芬·梅恩说："哈贝斯案就是狂妄自大的典型案例。"《财经时报》报道称："西农集团以为，如果它在澳大利亚能行，那么在其他地方也能行。"

然而, 英澳两国市场间存在着种种差异, 比起源自澳洲文化的带着雄风的大型芭比娃娃和电动工具, 英国人似乎更喜欢软装家具和花园小品。此外, 西农集团并没有及时放弃主打特惠促销的策略, 转而实行"每日特价"。至少, 媒体在事后分析中做出的这些解释, 都得到了广泛认可。

那么, 为何西农集团没能发现这些重大差异呢? 因为就他们所知, 他们已经把一切都考虑好了。"说我们轻率的人, 太愚蠢无礼了。"时任西农集团首席执行官的约翰·吉拉姆曾这样说道。他还说:"西农集团是一家纪律严明的企业。"外界对他们在收购前的审慎调查也是赞誉有加。他们之所以下这么大的赌注, 是因为他们胸有成竹。西农集团还刚刚收购了一家企业, 并重新命名为邦宁斯。如果邦宁斯没有解雇一大批熟悉英国市场的业务经理, 那么西农集团也许能更敏锐地察觉到消费者行为中可能存在的差异。但假如你对这一失败的收购扼腕叹息, 以为这类失误本可以轻易避免, 那么你可能并没意识到, 这类失误发生的频率有多高。在众多失败的海外扩张和收购案中, 邦宁斯案只是其中著名的案例之一罢了。英国超市行业领军人——乐购集团, 其在美国的子公司 Fresh'n'Easy (以新鲜、便利为主打的品牌超市) 在美国市场遇冷。美国百货巨头——沃尔玛, 在德国遭遇了"滑铁卢"。事实证明, 在这一领域, 从经验中总结知识是冒险的。

虽然, 这些对知识可以推广的预期被证伪了, 但这并不意味着基于经验的所有预期都是错误的。正如一个古老的反绎推理所示——看着像一只鸭子, 游起来也像一只鸭子……那很可能就是一只鸭子——这类对知识推广的预期通常是行之有效的。但我们需要知道我们的推理可能会出什么问题, 以及为什么会出问题。例如, 这只鸭子也可能是靠电池才能跑的假鸭子, 这就是一个著名的反驳。

我的观点很简单, 即知识难以普适的现象, 常是由于最微小、最神秘的因素——某个薄弱环节造成的。不仅如此, 即使有最有力的证据支持, 知识也依然面临极高的失效风险。事实上, 我们对知识的有效性期望过高的原因在于, 不同情境之间的重大差异太过于隐蔽, 无法在证据中显现出来 (后见之明除外), 所以我们无法看到差异的产生, 也就自然而然地假定没有差异存在了。在这一论断中, 自信会带来风险。当有人说他们确信没什么好担心的时候, 恰恰就是该担心的时候。

　　想要了解世界是以多么巧妙的方式创造出差异——以至于我们有多容易错过一些重要信息——可以先来看一个案例。此例中的知识来之不易，它是建立在坚实的证据基础之上的，在数百万人身上持续被证实有效，换句话说，它有着极为可靠的规律性。然后，我们可以看到，当它遇到生活中不同的细节标准时，会发生什么。这个案例讲的是，一个有确凿证据支持的观点，在被推广到另一处（就是最字面的意思，另一个地方）时，即使两个地方的一切本质特征似乎完全相似，但却依然无法奏效。

▌一个薄弱环节

　　21 世纪初，在印度南部的泰米尔纳德邦（Tamil Nadu），婴儿的死亡率很高。由于出生时便营养不良，这些孩子的生存概率从一开始就被打了折扣。他们的身体太脆弱，因此无法抵御传染病或其他疾病。

　　正如科学哲学家南希·卡特赖特所描述的那样，造成这种现象的原因不单单是饥荒或贫困，甚至是许多母亲故意为之的。在泰米尔纳德邦，怀孕是件很危险的事。那里的医疗条件差，产妇死亡率高。准妈妈们担心分娩巨大儿会对她们自身的健康造成威胁，于是在邻近分娩时会减少食量——这一习惯有时也被称为"厌食"。她们的焦虑是可以理解的，但这会使营养不良的婴儿数量增加，并且降低这些孩子的存活率。

　　于是，援助机构找到准妈妈们，和她们沟通谈话。

他们告诉准妈妈们婴儿营养不良的危害，试着理解她们的焦虑和动机，给她们提供额外的食物以防食物短缺，并担保孕产保健已取得长足进步。这是一个庞大而周到的援助和教育项目。

这个项目奏效了。在泰米尔纳德邦开展项目试点的地区，婴儿营养不良的情况急剧减少，且缩减速度快于其他地区；更多婴儿存活了下来。此例中的因果关系很明显：与准妈妈谈话，给她提供食物和信息，于是婴儿营养不良的可能性降低，存活率升高。这正是救援机构理想的带有建设性的干预措施。对此，世界银行独立评估小组（The World Bank Independent Evaluation Group）的结论是，该方案无疑效果显著。

项目小组在泰米尔纳德邦掌握了这些知识，又观察到了问题的前因后果，并找到了解决措施。于是他们将解决方案带到了孟加拉国，那里与泰米尔纳德邦有着相似的问题：焦虑的准妈妈，营养不良的婴儿和较高的婴儿死亡率。但是，在孟加拉国，项目却失败了。相较于其他地区，那里的婴儿死亡率并没有显著改观。尽管项目小组付出了极大的努力，充分运用了过往经验，但却依然未见成效。

这是为什么呢？问问你自己，这个经过充分调研、成效显著的解决方案究竟是哪里出了问题呢？无论如何，预期的因果关系的规律并未奏效。无论在泰米尔纳德邦促使方案奏效的原因是什么，这个因素都没能在孟加拉国继续发挥作用。

部分原因在于，在孟加拉国，控制家庭饮食大权的不是准妈妈，而是婆婆。为什么婆婆们会导致这种差异出现呢？可能是因为她们对于谁该得到额外的食物（也许是她们的儿子）有不同的观点；或者没人建议她们——就像援助机构对准妈妈们建议的那样——应该重新审视自己如何应对怀孕的风险。

也许看完这个案例，你就会聪明地意识到，孟加拉国的准妈妈们或许没能获取到适合她们的食物。或者你的想法完全不对，此刻你感到烦躁不已。无论你猜测的原因是什么，它可能原本都是合理的。换个时间，换个地点，它可能就是正确的。但在此时此地，它却并非正解。在泰米尔纳德邦和孟加拉国所运用的知识经验，在多方面都是相似的，但最终的结果却大相径庭。此地非彼地，两地间有微小的差异，但就是这种"微小的差异"，却足以导致不同的结果。

在此之前，救援人员（和我们）都会轻易认为，他们已经知道了个中缘由，只要照葫芦画瓢，就能取得同样的成功，找出同样的因果规律。区区一个小细节，就能使知识失效，造成如此严重的后果，真是令人震惊。每个故事都可能有类似的结局：无论二者有多么相似，一个微小的差异就能带来截然不同的结果。

我们根本察觉不出任何异常。谁能真的知道那两个国家的人们的生活细节中，究竟哪一个才是导致差异的真正因素？而且问题是，只要有一个细微差别，就足以改变结果。即使我们以为自己掌握了 99% 的重要因素，但我们对结果的预测依然有 100% 错误的可能性。南希·卡特赖特将这种在整个牢固的推理链上存在一个薄弱环节的现象称为"最弱环定律"。

这种不同地域之间的差异与不同大理石纹螯虾之间的差异是不一样的，主要区别在于以下两个方面。一方面，两个案例中出现差异的程度是不一样的。在大理石纹螯虾一例中，差异是普遍存在于每一只大理石纹螯虾身上的。但在此例中，泰米尔纳德邦和孟加拉国实际上都存在很高的一致性。在其中一国，准妈妈的影响是一致的，而在另一国，婆婆的影响也是一致的，而且这两种规律可能各自都支配着数千万人。显然，整体的规律性并未崩塌。但这实际上正是此例有趣的地方：基于大量规律而得出的知识经验，依然可能由于使用地点的转换而失效。即使在最坚实的、得到充分证实的推理链条中，依然可能存在一个薄弱的环节，正是这个环节致使整个推理链断裂。

另一方面，大理石纹螯虾的变异是无形的——我们不知道引发变异的究竟是什么，而在准妈妈和婆婆一例中，我们已经知道两国间的差异是什么了。但这也是有用的。因为我们现在既能看到引发差异的原因，还能知道它的作用方式。对于一个隐秘的小细节是如何阻碍知识发挥效用的机制，我们有了更进一步了解。一个细节尚且如此，可想而知，若干个此类细节共同作用，将可能引发多少千变万化的、难以预测的差异啊。

这个例子开始令暗知识里的具体因素显现了出来，还证实了这些因素能够拥有多么巨大的影响力。它使一些无形的因素变得更清晰了。在因果关系的拼图中，这些重要的模块在不同的地方是不一样的，它们以我们无法预见的方式，呈现出不一样的效果。正如南希·卡特赖特所言："从'它在那里行得通'到你想要的结论——'它在这里也行得通'，有很长的一段路要走，而且要走完它并不容易。"

▌无法摆脱的困局

你可能会说，孟加拉国的问题显而易见，是早就应该被预料到的。但书中有云：万事事后明。因此，建议诸位在事前自测一下。否则，人们很容易会相信这本该是事先就能解决的问题。当然啦，我就知道一定是那么回事，我早就知道会有文化差异的存在。

但是，你知道究竟是哪一种差异造成不同结果的吗？我们怎样才能找出这种差异呢？是否应该对两个国家都展开调查，询问有关食物、母亲、大家庭、孩子、抚养过程、怀孕和生产的每一个文化习俗？与此同时，由于事先并不知道哪种文化细节与结果有关，我们是否还需分别在两国，事无巨细地询问有关工作、交通、邻里、社区、健康和宗教等事宜，从而找出两国在这些方面存在的差异，以防这些差异中的任何一个对最终结果产生决定性影响？即使该项目在孟加拉国失败了，我们起初可能也并不知道失败的原因，也不知道该去哪儿寻找答案。潜在的问题太过隐晦——至少一开始是这样——我们很难轻易发现。我们之所以认为自己善于查找诱因，主要是因为我们具有自我辩白的大脑和后见之明的偏见。而事实上，在事前，谁能知道哪个细节——如果我们能发现这些细节的话——能使从某处得来不易的知识在另一处失效呢？

这是一个无法解决的难题：如何才能知道究竟是什么决定知识是否能普适呢？这个问题被称为框架问题，是一个难以摆脱的困局。我们不想考虑所有因素的潜在影响。那样做太费时费力，也是人力所不能及的。暗知识是一个庞大的未知领域。我们只想考虑相关因素的潜在影响，但如果不考虑所有因素的潜在影响，我们又怎能知道哪些是相关因素呢？

经济学家埃斯特·迪弗洛曾写道："如果我们一开始就认为某个事物不重要，

那么我们就不会关注它，也就永远也不会真正意识到它的重要性。"

　　既然无法确定哪些是重要因素，也无法面面俱到，那能怎么办呢？我们可以猜测。考虑到我们常将这种猜测称为分析，所以在此情况下，这种做法也算不上愚蠢。但由于这无法保证所有的因素都被考虑进来了，所以我们不得不接受这个退而求其次的事实：我们不知道也无法知道哪一个细节能够印证或推翻我们的想法。若要问："我们是否查看了所有相关证据？"唯一合理的回答是："我们尽力了，但谁知道呢？"

　　举个例子，假如你想说服发展中国家的人去办理一个无息贷款，以便将他们的家庭纳入供排水系统，这样他们就不必再使用储水管，也不用每天花好几个小时挑水了，你认为成功说服他们的关键因素可能是什么呢？你可能会列一个清单，上面罗列着在发展中国家与供排水系统可能相关的重要因素。来看看你的清单：是否包括复印机？

　　埃斯特·迪弗洛所记述的这件事发生在摩洛哥的丹吉尔，在这一疏忽事件（如果我们可以这样定义它的话）中，当地的一家水务公司斥巨资建造管道，在居民家中安装马桶，还与市政部门合作，向贫困家庭提供补贴贷款用以支付通水费用。可贷款率却不到 10%。为什么会这么低呢？

　　申请这个贷款项目需要带着相关文件到市政办公室，事后证实，这就是影响贷款率的真正障碍。于是研究小组随机访问住户，在住户家中为他们复印所需文件，并帮他们将文件邮寄到市政办公室，给他们提供程序上的便利。此举过后，贷款率和供水率提高到了 69%。这一小笔额外的支出，帮助丹吉尔的贫困居民解决了用水问题，使他们腾出了相当多的时间，可以去做其他事情……

　　迪弗洛还写道："改善个人用水问题是一个很明智的政策想法，整个项目总体来说设计合理。但对最后一步（申请贷款的行政步骤）的疏忽，阻碍了这个大投资项目在实际效果和资金方面获取回报。"随后，她还给那些期盼能解决这一困局的人提了个醒，顺便还给他们泼了盆冷水："这类实用设计的问题无处不在……"

　　对于那些试图从高阁上获取知识，并期盼能在他处奏效的人来说，这个故事是有警示作用的。事实证明，那些细微琐事和明显不相关的细节（一台复印机能与供水系统有什么关系）往往并非无关紧要。或者，如果我们能更加留意实用设计中的小问题，就会更有可能发现类似的细节。这当然值得一试。或者，这些细节太过于隐秘，只有当事情的进展不如我们所愿时，我们才有可能发现它们。

谁在主宰未知世界

我们的控制感是更棘手的难题之一。如果不知道哪些可能是重要因素，又怎能确保它们在我们的考虑范围之内呢？如果一台复印机或其他隐藏细节足以使看上去与复印机毫无关联的计划失败，我们又怎能相信自己掌控了一切呢？

这种不可控性在各种各样的研究中都有所体现，约翰·克拉布的研究就是其中之一。克拉布是俄勒冈健康与科学大学（the Oregon Health and Science University）的一位神经学家，他在 3 个不同的实验室对小鼠行为展开了一系列实验，这 3 个实验室分别位于美国纽约州的奥尔巴尼、加拿大阿尔伯塔省的埃德蒙顿及美国俄勒冈州的波特兰。

这个故事与大理石纹螯虾之谜极为相似，讲述的也是不知从何而来的变异。约翰·克拉布像大理石纹螯虾的研究人员一样，（尽管他研究的并非克隆生物。）也曾试图将他所能想到的实验中的一切变量都标准化：使用的是来自同一供应商的同一品种的小鼠，鼠笼相同，铺的是相同品牌的锯末，白炽光的强度相同，同窝小鼠的数量相同，喂食的是相同种类的颗粒饲料，以及采用相同的测试机制，等等。

诸位可能已经猜到接下来将发生什么了，但请听我细细道来。在有些测试中，如当测试它们对酒精的反应时，3 个实验室中的小鼠的表现都是相似的。但是，当对它们进行可卡因测试时，尽管所有的实验条件已尽可能地标准化了，但不同实验室中小鼠的表现还是产生了天壤之别。至于这种差异为何会出现，约翰·克拉布在报告中极为坦诚地写道："即使是我们的 3 个实验室，我们都无法保证它们的全部条件是完全一致的。"他还详尽无遗地记述了他所找到的、与产生差异有关的所有细节。想要厘清这些线索可能有些困难，但你绝对能领会他的意思。

从美国东部运往波特兰和埃德蒙顿的小鼠，当然是空运的，而那些被运往奥尔巴尼的则是用卡车运输的。到埃德蒙顿的运输行程通常需要2到3天，而到奥尔巴尼则需要1天。在3月第二次发货前的最后关头，我们得知一位供货商无法寄送同一品种的小鼠……所幸我们在埃德蒙顿和波特兰都有额外繁殖出的小鼠。所以，埃德蒙顿需要向奥尔巴尼运送小鼠。而在加拿大境内也需要运送，我们需要将小鼠从埃德蒙顿空运至多伦多机场，在那里，滑铁卢大学的芭芭拉·布尔曼·弗莱明博士会接收它们，然后再迅速给它们贴上另一份运单，发回埃德蒙顿。波特兰需要将当地繁殖的小鼠空运至洛杉矶，同时在运单上标注需将它们再返回波特兰，但出于某些原因，这批小鼠在返回波特兰之前，在俄勒冈的托莱多机场耽搁了2天时间……

这就是业内所说的"深度描述"。这些细节对小鼠行为有影响吗? 约翰·克拉布认为他应该将这些告诉我们，因为它们或许有用，一些无形的因素一定在发挥作用。他依然延续着对实验方法的深度描述。看克拉布的深度描述，就像拿着放大镜，神情专注地阅读卡尔·奥韦·克瑙斯加德的自传——既冗长枯燥又欲罢不能。

克拉布的受挫让我想起另一个人——克劳斯·高德纳，我曾引述过他的研究。他和其他研究人员曾花费了30年，"以标准化的方式来减少实验室条件下培育的动物发生重大变异的数量和种类……" 高德纳最后写道，他们企图操控结果的努力"收效甚微"。变异特征依然顽固地不断涌现。

我们也不用太悲观。在约翰·克拉布的某些实验中，有些影响因素是明确的。例如，酒精实验中，酒精对3个实验室的所有小鼠的影响都是明确的。但与此同时，他和他的团队成员们也毫不避讳地坦言，无论如何绞尽脑汁，都依然无法控制可能起决定性作用的简单因素。就更别提会想到复印机那档子事了。

▌今时不同往日

不同地点如此，不同时间亦如此。不同地点之间的那些意料之外的差异会阻碍经验知识的推广，同样地，不同时间之间的差异也会如此。

以经济领域为例。两个相邻时期的经济形势所面临的难点在于：它们面对的并非是完全相同的经济状况。在两个时期之间，经济状况有时会发生显著变化，有时却只有微小的变动。显然你会说，那正是我们记录下这些变化的原因啊，我们每个季度都要计算 GDP 的意义正在于此啊。人们普遍认为，我们对这些变化的追踪记录是准确无误的，因而对这些数据了如指掌。事实上，我们尽可能多地了解这些经济信息是至关重要的。经济政策要顺应繁荣和萧条时期的起落形势，经济才能实现平稳增长。

考虑到前文所提供的证据，你可能会想，相比于对过去的了解，我们对现在又真正了解多少呢？二者间的差别也许不会那么明显，因为我们试图衡量的是无法确定的变化，这些变化都是隐秘的。我们如何衡量自己都无法确定的事物呢？这绝非易事，我们很快就能意识到这一点。那么实际上，我们对两个相邻时期之间经济形势的变化观察得究竟如何呢？也许并不如诸位想象的那么好。研究的结果是，如果你以为我们对经济变化和经济表现了如指掌，那么你就会惊讶地发现，一些隐秘的变量可以完全粉碎我们的认知。事实上，你或许会得出这样的结论：有关经济的大量争论都依靠数据的支持。然而准确地说，这些数据根本不可靠。

GDP 是衡量经济表现的一项首要指标，也是公开讨论中最基本的一项数据。它不具有绝对的精准性，只是一个人为创造出来的概念，并不是一个具体实物。（世界上根本不存在 GDP 这样的实体，它不同于具体概念，如你的交通费用，它受制于大量有争议的定义和惯例。）但大多数人似乎都认为 GDP 很好地反映了目标对象的表现。在 2017 年的一项极具可信度的大型调查中，当被问到是否认为 GDP 数据准确地反映了英国经济的变化时，82% 的受访对象给出了肯定的答复（不包括不确定的情况)。

这个能准确反映情况的指标究竟有多准确呢?有一种方法可以测试它的准确度,那就是看看 GDP 的修订过程。当有关当局公布英国在 2017 年第二季度的 GDP "增长了 0.3%"时,英国广播公司报道称,该数据略高于上季度的 0.2%,但又严谨地补充说这只是一个初次预估值。大家可以想一想:如果报道称 GDP 增长了 0.3%,那么在对这一初次预估值进行一次修订之后,结果又会如何呢?修订后的数值是增加了还是减少了?修订的幅度是 0.1%,0.2%……是更大还是更小?对此,恐怕你只能靠猜测了,因为 GDP 修订的方法鲜少出现在媒体上。

对 GDP 预估值的修订听上去就像是一个堆满数据的布满蛛网的角落。这正是问题的一部分。那里不是一个大多数人都想去的地方。但去那里探寻一趟绝对是值得的。如果深入探究,我们会发现,衡量 GDP 最首要、最显著的问题在于,我们所观察的是一个纷繁复杂的世界,它并不会将它的行为分条列项地展示在我们面前。我们必须找到一个衡量它的方法,而且我们所借助的只有不完整的信息(信息的特征即如此)。换句话说,我们会使用经济活动的样本(无论这些活动规模有多大,我们都只取其样本),然后将这些样本与其他来源的数据进行比较。

每一季度的 GDP 增长的初次预估值都会在当季结束后 25 天左右予以公布。这种工作效率是很高的。但那只是基于一份样本(根据英国国家统计局的数据,样本率为全部"实际"数据的 44%)而得出的预估值,随着更多数据的出炉,这一数据将会被修订。对初次预估值的第一次修订的结果大约在 2 个月后予以公布。

针对整个修订过程,英国国家统计局坦言称,在初次预估值和 90 天后公布的第三个估值之间,平均修订幅度(准确地说,是平均绝对修订)大约是 0.1 至 0.2 个百分点。他们就是用这种方式来表达初次预估值中的不确定因素。如果你所猜测的一次修订的范围正是如此,那么你可以为自己欢呼 1.5 次。为什么只能欢呼 1.5 次呢?因为不确定因素远不止这些。首先,0.2% 多吗?以某种衡量标准来看,一点也不多。你甚至可以说,我们对经济形势的看法是极其正确的,我们对超过 99% 的经济指标的评估是合理的、准确的。但问题是,误差恰恰就潜藏在那一小部分变量中,这些变量能让我们得到我们最想知道的那个答案——变化究竟是如何产生的。而在这一小部分中，0.2% 是个巨大的差异。因此，在从 4 月到 7 月的这一季度，如果 GDP 增长的初次预估值是 0.3%，那么这一数值在被修订之后，无论是上升至 0.5% 还是下降至 0.1%，就都不足为奇了。

这是一个不小的差距。按照正常标准，GDP 增长 0.1% 代表经济增长疲软，而增长 0.5% 则代表增长强劲。看上去我们起初并不知道这种区别，这足以令人汗颜了。增长 0.3% 的初次预估结果可能是我们所能推测出的最佳答案了，但 GDP 增长数据中显然存在着相当大的不确定性，尤其是在初次预估值中。

倒不是说这些不确定性会极大地阻碍政治家、经济学家和评论家做出一系列的因果推论，他们通常用这些推论来解释为何 GDP 的增速符合或不符合我们的预期，或者增速为何等于或大于其他发达国家，接着他们会告诉我们现行政策究竟是对还是错。关于当前的经济形势，他们可能只掌握了有限的线索，但他们似乎可以十分坦然地向我们解释造成这种现状的原因。

2008 年至 2009 年经济衰退之后的那段时期，被我们称为紧缩时期，那个时期的经济数据促成了一场因果推论的大论战。人们纷纷发声，用对政府政策有利（或不利）的措辞，来诠释经济数据中最新出现的微小变化。

脱欧公投之后的经济数据遭遇了相同的境况。GDP 增长一走低，就证明脱欧的前景——更遑论实际情况——已经损害了经济发展；而 GDP 增长一走高，又证明"不，不对，我们很好"。有些人已经认同这些数据是带有不确定性的。他们做了一些探究工作，谨慎地强调，那些有关数据的判断都是暂时性的，无论如何，每个季度的数值之间都会存在微小的差异。但大多数人对此不以为然。

我们将这一问题称为"笼统归因"问题（it's-all-because'problem），即我们在一个非升即降的数列中观察某一个预估值，然后基于最新的涨落趋势来提供一个最便捷的解释。但是众所周知，只有建立在正确数据上的结论，才是正确的结论。如果数据是不可靠的，那么结论亦是如此。GDP 数据就充满了不确定性。

这些问题已经够棘手的了。还有什么能使情况更糟呢？还有一种问题，我们称之为特殊性问题，这种问题的出现无疑是雪上加霜。简而言之，特殊性问题就是指修订误差本身也是不确定的。

想了解这一点，只需要看看在我们眼中，发生在 2008 年 4 月至 6 月的这个特殊季度的情况，如图 3-1 所示。起初，该季度 GDP 增长的预估值是 0.2%。然后是第一次修订——修订值恰好也是 0.2%，这一数值约等于短期修订的平均值。在此例中，修订方向是降低。

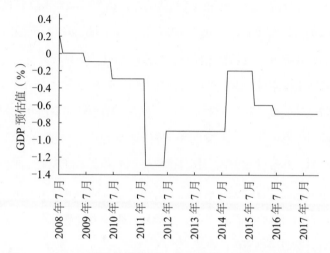

图 3-1　对 GDP 预估值的修订（2008 年第二季度，季度环比）

但是，数月之后再次修订时，数值又降低了 0.1%。接着是第三次修订，再度降低 0.2%。之后继续降低，修订幅度是令人咋舌的 1%，这使得该季度的 GDP 估值瞬间跌至 −1.3%，这是一次颠覆性的修订。然而在此后，突然又出现了一个巨大反转，数值再度回升，并一下跃升至 −0.2%，在之后的修订中，该数值又下降了 0.5个百分点，并最终敲定为 −0.7%，这与初次预估值之间相差了近 1 个百分点。

这可不是可信度饱受诟病的经济形势预测，而是尝试着对过去的经济情况进行描述，描述对象有时是很久远的，且仅涵盖 3 个月的数据。可尽管如此，每次估算的数值仍是大小不一。据英国国家统计局观测，第一次和第三次估值之间的平均修订值是 0.1% 至 0.2%，而无论是单次修订还是累计修订，其数值通常为均值的倍数。人们对这个特定季度的经济形势的看法原本就反复摇摆不定，数值修订对他们来说可算不得什么好消息。最新数据与初次预估值之间相差了十万八千里——一个是负数，一个是正数——而且修订值也没有遵循任何一致模式。在事件发生后的第三年、第六年和第七年，修订方向发生了根本性的转变。

这条趋势线看起来就像是一个醉鬼走出的路线。问题是，这种情况出现的频率究竟有多高。这个季度的情况是只可能发生一次，是一个意外，还是并不罕见？

诸位尽可猜测一下。我们现在在已知，平均修订值也会发生变化，那么就更长期的修订而言，对于某个特殊季度的 GDP 估值，你认为什么样的修订值算是比较大的数值？是提高或降低 0.3%，还是 0.4%，或者甚至是 0.6%？英国国家统计局以俏皮又严谨的方式宣称，更长期的修订，其修订幅度"相对较大"。这是什么意思呢？对任何特殊季度来说，这又意味着什么呢？

这就是特殊性问题。无论你对平均值中存在不确定性的看法究竟如何，在特殊情境中的不确定性很可能会使情况更糟。连修订误差都是不确定的。

你可能会说，在经济衰退期，这种情况会更多些。不过我不太明白的是，你是怎样单凭一个"我们正在临近经济衰退"的事实，就能知道数据的可靠性更低的。不是只有真正看到可靠性更低的数据，才能确定吗？不过事后看来，衰退期的数据的确更难预测，这似乎是不争的事实。

再来看看另一个季度的情况，如图 3-2 所示，这是 2005 年第 3 季度的相关数据。这一时期是一个相对平稳增长的时期，照理说，经济繁荣和衰退的情况都已结束——直到我们意识到（或者说，我们在过去的 10 年中才逐渐意识到）这一时期的短短三个月内的 GDP 增长，被最终定格为 1.1%。

或者再来看看下面一个例子，这一时期是在经济衰退结束后的 2012 年的第一季度，如图 3-3 所示。

这是一个经济表现糟糕的季度——GDP 估值为 -0.2%，这是经济收缩的明显特征。并且在第一次修订之后，情况似乎甚至比起初预想的更糟——之后，修订方向发生了转变。我们可以从图中看到，到初次预估之后的五六年，该季度已经稳步成了一个增长强劲的季度。假如你基于第一次、第二次或第三次的预估值，信心满满地做出了因果推论，还坚持己见，那么很快，你就会显得愚蠢至极——如果你当时的论断，被人看到了的话。不过，那些对 GDP 发表过见解的人是走运的，因为根本没人会去核实。

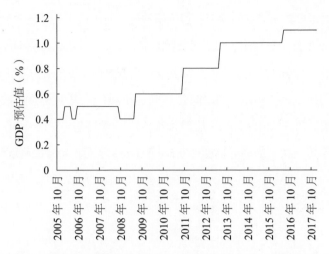

图 3-2　对 GDP 预估值的修订（2005 年第三季度，季度环比）

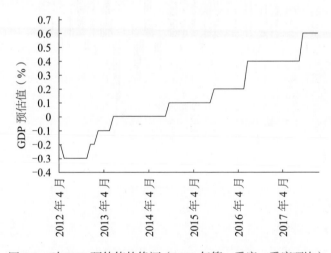

图 3-3　对 GDP 预估值的修订（2012 年第一季度，季度环比）

大部分修订的幅度都比较小，但是经过一段时间之后，修订幅度常会远超 0.2%。如果让我给长期修订设立一个不同的标准，并问我修订幅度多大时我才会感到惊异，那么我很可能会将这一标准定在 0.7% 左右。

0.7% 的修订幅度，无论是提高还是降低，都意味着某个季度的经济活动表现存在巨大分歧——例如，从 -0.7% 提高到 0.7%，或者从萧条区提升至繁荣区——

这表示有极大程度的不确定性存在。但坦率地说，对于过去的经济表现而言，低于0.7%的修订幅度都不算什么。当修订幅度达到0.6%时，我认为我们应该说，这已经快要接近最坏的修订结果了，但其实也没什么好大惊小怪的，这是常有的事。

正如我们在图3-4中所看到的那样，在过去的100个季度的修订数据中，从初次预估值到最新预估值的修订幅度达到0.6%（或更高）的约占1/5（20%）。约30%（平均一年不止一次）的修订幅度在0.5%至0.6%之间，40%的修订幅度在0.4%至0.5%之间。即使是这些数据，其准确性也可能是被高估了的，因为最新的估值还未经过时间的检验。

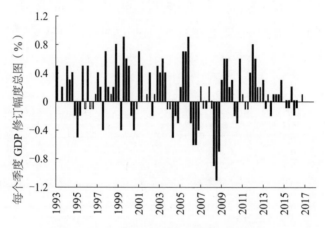

图3-4　每个季度GDP增长的修订幅度总图，
修订幅度为初次估计值与最新估计值之间的差值

相较于以前的数据，也许现在的数据要准确得多，并且最糟糕的修订情况也离我们远去。或者，无论我们想从GDP的变化中试图捕捉什么样的事实，可实情依然难以捉摸，我们依然不能确定真相距离我们究竟有多远。重点是，在这种情况下，影响我们对知识的信心的，更多的是不规律性，而非规律性。像平均误差这样的集中趋势也许表明误差是相对可预测的。其实不然，除非你对误差的变动范围容忍度很高，否则你如何能知道最新的估值是正确的，是错得平均，还是错得离谱呢？你根本无从知晓。平均值只能提供最粗略的参考。鉴于此，平均修订也并非一种测量潜在误差的好方法。对于"早期的GDP估值有多大误差"和"这个GDP估值可能有多大误差"这两个问题，答案是不一样的。后者才是真正的问题，而且能更有助于我们衡量不确定性。否则，我们就是在"误差都是不确定的"前提下，去试图计算出误差。如果再加上"笼统归因"问题，并开始用最新估值中的微小变化来武断地判断经济形势，那只能祝你好运了，能救你的也就只有这点儿运气了。

公平地说，人们常说不应过度深究一组数据。（通常说完这话，大家又继续研究某组数据去了。）但这种警告也是不够的。我们从以上图中可以看出，几组连续的数值被在同一方向上大幅修订的情况并不罕见。事实上，在同一方向上的反复修订是正常的，那些在代表初次预估值的中心线上下的数据条就能说明这一点。我们不必对一组数据太过于留意，但也许需要对连续的四五组数据保持谨慎态度。同样地，只有几年之后，我们才可能知道实际情况是否真的如此。即使到那时，不确定性因素依然会存在。在同一方向上的反复修订可能会产生巨大的累积效应。

为何 GDP 如此难以准确计量呢？因为时移世易，此时非彼时。不同时期的经济是不完全相同的。它的构成会发生变化，不同经济活动的不同组合会对 GDP 总量产生不同影响。但是我们不知道这一切是如何发生变化的，直到若干年后，逐渐掌握了更多的数据，我们才有机会重新审视当年的经济形势。可即便到那时，不确定因素仍会存在。此外，当证据逐渐出现，表明我们对经济增长的把控并不如想象的那么好时，我们会对 GDP 的计量方法进行修订。这是因为在经济领域，不断会有新事物出现，而这些事物都是对计量工作的一种挑战。例如，在智能手机拥有了拍照功能之后，GDP 出现了下降的态势，即使我们原本可能以为这一功能的增加，意味着生产性经济的到来。GDP 为什么会下降呢？因为一张照片的价值不再包含冲印胶卷的成本。突然之间，大多数照片不再通过售卖而流通，而是通过数字方式被分享，这样一来，它们自身的价值就所剩无几了。无独有偶，在 GPS 系统被植入智能手机之后，GDP 也下降了。我们应该把这种变化视为对 GDP 的一种损害吗？也许吧。那么我们如今使用的网银功能呢？按照目前的计量标准，这一功能没有被视为对 GDP 的一种内在红利，这意味着我们认为，网银对经济没有任何的额外价值。开发软件也面临着相同的境况。也许我们的态度会发生转变，改变对这种价值的评估方法。如果我们这样做了，那么现有的 GDP 数据就不得不再次被修订。这种对计量方法的修订通常会对不同季度产生不同影响，而且这种影响只有在回顾数据时才能被发现。由于我们别无选择，只能使用基于最后一次观察到的经济形势的过时的假设和样本，这就意味着我们的样本和假设，永远也赶不上那些需要时间去理解的变化。这些数据必然会受到过去和现在之间的神秘变量的影响。在我们的认知领域，依然无法避免地存在着神秘的另一半，它们对于我们有关经济的看法具有潜在的、巨大的影响。

这并非由于我们有认知偏见或认知无能。英国国家统计局甚至避免用"误差"这样的字眼来解释这些问题。没人出现过任何基本的失误。毫无疑问，我们可以改进计量方法，提高数据源的可靠性，但却没有任何可行的策略能消除计量中的难点。

不要忘了，为了精准地追踪 GDP 的变化，我们必须达到高度精确的测量标准。英国广播公司在报道中称，GDP 的季度增长从 0.2%"小幅攀升"至 0.3%。坦白说，若将此作为对经济真实变化的可信反映，未免有些痴心妄想。增长率中的这一变化相当于整个经济体的千分之一，而这一数据还是基于一个过时的样本和若干过时的假设，这些也都可能被及时修订。

根据英国国家统计局的数据，每份 GDP 报告的编制和公布都由一支极其专业的团队负责，且"在整个编制过程中，特别强调对数据统计、分析和经济形势的讨论"。对讨论的强调是我的观点。我怀疑对有些人来说，当他们得知编定 GDP 报告必须讨论时，他们一定会惊讶不已。不就是数据嘛，有什么好讨论的？但是，英国国家统计局称，GDP 估值"并非字面意义上的简单核算"。而且，由于不同的测算方式会产生不同的结果，所以他们还会请专家来召开所谓的平衡会，专家们会讨论正确的数值，以及如何平衡这些数字，有时甚至还会发生争论。我曾听一位与会者谈论过一次这样的记忆。当被问到他们是如何达成一致的时候，他只是扬了扬眉毛，摇了摇头。这下又多了一个无形的变量。

还有一类细节可以影响经济数据。例如，有一组著名的贸易数值曾影响了政局的走势，据说在 1970 年，这些数字毁掉了前英国首相哈罗德·威尔逊领导的工党政府的连任机会。这组数值因为购置了数架大型喷气式飞机而产生了偏差。这样说吧，在一个拥有 6500 万人的经济体中，有着大量的企业和各式各样零散的公共部门等，它们都在疯狂地赚取和花费数十亿的英镑。这类经济活动的很大一部分是固定的、鲜有变化的，但在不同时期之间的巨大可变空间内，依然有潜在的无形变量存在。

任何情况下的计量工作都极易产生误差。时间的推移还会增添计量的复杂性。某一个时期的样本和计量假设，无法以我们所期盼的准确性和一致性，顺利地套用到下一个时期。所以我们通过修订的过程，永远在追赶真相，换句话说，我们对眼前状况的判断总是错误的。

顺便说一句，我并没有要贬低英国国家统计局的努力，为了确保数据尽可能地精准，他们甚至将街角烤肉车的营业数据也纳入了样本。我只是想知道，现阶段"尽可能地精准"是什么意思；我只是想指出，即使我们尽职尽责地努力探明真相，但生活的另一半丝毫未向我们妥协。英国国家统计局不建议我们过于自信地解读数据，他们说："人们对早期估值的准确性和可靠性往往期望过高，早期估值是基于不完整数据而得出的，而数据修订，就是在及时性和准确性之间进行权衡的一种必然结果。"我们已经得到了警告。他们官方的数据依然是最佳估值。

你观察到的 GDP 的弊端越多，越意识到潜在不确定因素的存在，你就会越来越频繁地看到这样的场景：在村子里的广场上，一大群权威人士正在发表着高谈阔论，而在一旁，一位官员正在一片黑暗中摸索着测量数据。GDP 能够达到如今的准确度——或者说从事后看来，它能到达我们所认为的准确度——的确算得上一个小小的奇迹了。

这是否意味着我们应该对 GDP 增长闭口不谈呢？不，这个数值太重要了。它是经济政策的基石——即使这块基石没有那么稳固，我们在其上搭建上层建筑必须保持谨慎。但是我们可以用更好的方式来谈论这些不确定因素。不得不再次承认的是，有些人对待 GDP 数值是格外谨言慎行的。在最后一章中，我们将探讨，在缺乏可靠知识的情况下，应该如何应对这种情况，而非期盼这些知识不重要。

与此同时，我们可以减少对数值短期波动的关注——因为我们对它们的认知和信心度都是最不足的——反而应该指出，截至 2018 年，过去 10 年英国的 GDP 增长处于近 70 年来的最低水平——这一结论，即使是建立在不完美的数据之上，却依然足以令基于 0.1% 的季度 GDP 变量所得出的这样或那样的结论黯然失色。但即使是这份长期数据，未来也可能面临重大修订的情况。

▌ 即使当时是正确的，也并非真的正确

任何样本都面临着无法代表整体的风险。但是，即便它达到了完美的均衡性和代表性，这种完美也只适用于当时那一时刻——样本的效用将随着时间的流逝而消失。所以你可能把一切都做好了，或者说，至少在某个场景下将一切都做到了尽善尽美，但事情依然会出现差池，因为具体的情境发生了变化。

这是一系列问题中的一个，即我们的知识具有内在的一致性和正确性，可一旦我们将其应用到现实世界，在我们最初得出结论的时空之外去应用，这一知识就会失效。这里有两个术语，即内部效度和外部效度，分清二者之间的差异有助于我们理解这个问题。内部效度是指我们认为在原始的研究情境和条件下，我们的知识是有坚实理论基础的。外部效度则泛指这一知识可以普适于其他情境之中。这有助于我们理解在某个情境中“有效的”知识如何在另一个情境中“失效”，因而让我们意识到，“知道”和“无知”之间仅有一步之遥。

我们可以将这两个术语运用到泰米尔纳德邦和孟加拉国的准妈妈和婆婆的例子中。研究人员进行了一项试验，他们发现准妈妈们的想法和她们吃的食物，与婴儿营养不良和婴儿死亡率之间存在关系，他们还有力地证实了这一观点。可以说，这一研究成果具有内部效度。在试验情境中，该成果都站得住脚。这使我们以为自己掌握了个中规律，而在泰米尔纳德邦，实际情况的确如此。

如果，无论他们做得多么严谨，这一研究成果在某个其他情境中都无法适用，那么这就表明该成果不具有外部效度。如果研究成果在研究情境之外——如在最初得出结论的泰米尔纳德邦之外——可以适用，那么该成果具有外部效度；反之，则不具有外部效度。有人将这一问题形容为用某个事实是否可以证实另一个事实。在

泰米尔纳德邦,研究成果的适用范围很广,在数百万准妈妈身上普遍发挥了作用,但突然间,该成果却失效了。此例中的关键在于,我们以为自己掌握了知识,我们甚至的确是对的,还有强有力的证据为证——我们的成果是内部有效的,且研究过程无懈可击。但当我们在另一个时空运用这些知识时,它们却依然可能会失效。简而言之,内部有效并不等同于绝对有效。

▌正确质疑自己的信念

过去的经验教训,一旦应用到新的情境中,就可能比我们所想象的更具有不确定性,这是阻碍我们从过去吸取经验的根本问题。当然,我的意思并非是指我们永远无法做到,但这样做是有风险的。我们总听人说"要吸取经验教训"。但吸取哪些呢?举个例子,在我们努力管理经济的历史中,遍布着我们掌握得很好但实际效果却达不到预期的经验。

特里·伯恩斯,也就是如今的伯恩斯勋爵,曾任英国财政部首席经济顾问和常任秘书长,其任期为 1991 年至 1998 年。我曾经在英国广播公司广播 4 台的"分析"节目中,与主持人安德鲁·迪诺一起采访过他,当时他向我们介绍了一个概念,他称之为"灼痛回忆学说"。

特里勋爵说,那些对 20 世纪 30 年代记忆犹新的经济学家,他们所能想象到的最糟糕的事,莫过于大规模的失业。那是他们那个年代的顽疾、他们灼痛的回忆及他们理论思想的基础。他们说,历史绝不会再重演。为了保持充分就业,他们开始信奉凯恩斯的总需求管理的经济学,并为此相信政府支出的力量。起初,他们的政策似乎奏效了。但到了 20 世纪 70 年代,人们对他们的政策产生了争议,认为经济突然陷入了困境,在这些政策的刺激下,产生了一个供不应求的局面。时代变了,人们的预期也变了。通货膨胀开始肆虐(在英国,即使失业率升高,年通货膨胀率也达到了 27%)。这种顽固的、恶性的组合被称为停滞性通货膨胀。

经济分析由于当时的石油危机而变得更加复杂——石油价格的突然上涨也加剧

了通货膨胀。但无论通货膨胀和失业的关系如何——通常认为，二者会打破之前水平上的平衡，呈现出此消彼长的关系——经济表现都没有达到预期。这是否有损于凯恩斯主义思想的权威性依然存在争议，但现有的政策似乎加剧了这些问题。英国央行前行长默文·金在近期出版的一本书中谈道："战后人们相信，凯恩斯主义思想——即用公共支出来扩大经济总需求——将阻止我们重蹈覆辙，事实证明这种思想天真得令人感动。"尽管如此，这份令人感动的天真被那些最聪明的人虔诚地分享。他们拼命地证明自己是对的，他们坚信自己了解了真相，尤其是在经历了那些刻骨铭心的回忆之后。

在"二战"后经济发展的这个阶段，新一代领导人上台了。特里勋爵说，有一些经济学家的经验是在 20 世纪 70 年代通货膨胀肆虐的第二个时期形成的。他们拥有了不同的灼痛回忆和理论观点，他们认为：通货膨胀是万恶之首。他们说，历史决不会再重演。

由此而来的一个结果是：一些独立的央行发起了一场控制通货膨胀的运动。这些独立的央行——例如，欧洲中央银行，它在条约中明文昭示整个欧洲大陆将实行独立的货币政策，还有日本央行和英国央行——在这场对抗通货膨胀的战斗中，似乎都贡献了自己的力量。在那些通货膨胀水平高的地方，通货膨胀率急剧下降并保持在低位……按照当时的一种说法，这种情况导致了政府债券利率的降低……引发了对其他投资回报的追逐……导致资金涌入了次级抵押贷款领域（随着利率的下降，次级抵押贷款原本就出现了增长）……好吧，接下来发生的事诸位已经知道了：在 2008 年至 2009 年期间，一场金融危机席卷全球，全球经济陷入深度衰退。

我们信心满满地从那些灼痛的回忆中学到的经验，也许每条都有用——甚至到现在也依然有存在的意义。例如，各央行业务独立的对策对消除通货膨胀的作用至今仍未被推翻。但这些从灼痛回忆中得出的政策，也可能在无意间导致了新的危机。默文·金将距离我们最近的、发生在 2008 年至 2009 年期间的这一场全球金融危机形容为另一个"灼痛的"经历。

我并非吹毛求疵，也并非蔑视这些危机所带来的痛苦，尤其是人类所为之付出的惨痛代价。我只是想知道，一次灼痛的经历，使我们从中吸取了若干经验，可这些又会导致下一次危机的出现，那么我们是否有能力洞察个中缘由呢？我们以前通过观察而得出的经济行为或经济关系可能会失效，或者在规模上会发生巨大变化——如 20 世纪 70 年代的通货膨胀和失业之间的关系变化——这些都是永久性的风险，极易导致经济发展误入歧途。我们自认为了解世界运行的规律，并据此制定相应的政策，结果发现这些政策达不到预期的效果。并非所有的结果都在我们的预料之中。

艰苦的逆境中似乎能迸发清晰的思路，清晰的思路又能带来坚定的信念，坚定的信念又伴随着强烈的决心："历史绝不会再重演！"但在这些来之不易的知识中，究竟有哪些下一次还能奏效呢？最近一次"灼痛回忆"中得出的政策也许一而再再而三地奏效。它们的有效性也许经受住了许多次的考验。但是，当政策的结果出乎倡导者的意料，我们不得不对任何声称知道怎样实行有效控制的人表示质疑，无论他们曾经历过多么灼痛的回忆。

从最近一次灼痛经历中获得的最新经验，下一次会带来怎样意想不到的结果呢？当然，我们无从知晓。伴随着这句"历史绝不会再重演"，那些全部的决心和政策，应该再加上一句："啊……那倒没想到。"每一个未曾预料到的结果都象征着我们认识上的又一个不足之处。

我们对真理究竟能有几分了解，世人对此产生了怀疑，关于这种怀疑主义是否阻碍了我们对经济的信心，人们一直争论不休。经济学家弗雷德里奇·哈耶克就是争论者之一，他对于自己经历的种种一直保持质疑态度，这是尽人皆知的。他在 1977 年获得诺贝尔奖时，发表的获奖演说名为"知识的假象"。他说："市场，是一种很复杂的现象，对市场的研究需要基于许多的个体活动，所有的环境条件都将决定某一过程的结果……我们很难充分理解和衡量市场的情况。"这意味着任何中央政府的管控都受到了严格的限制。如今，哈耶克常被塑造成一位捍卫者的形象，而他所捍卫的，是一群自诩为自由市场经济主义者的观点。但他更有趣的角色是质疑者，而非倡导者，他的质疑无处不在。

如今民众期望科学为了满足大众愿望而需要达到的高度，与科学实际所拥有的能力之间，存在着矛盾，这一矛盾事关重大，因为即使是真正的科学家，也都应该意识到他们在人类事务领域所能做得十分有限。只要公众的期望越多，就一定会有一些人假装或真的相信，为了满足大众需求他们可以做得更多，而实际上这已经超出了他们的能力范畴……若是坚信我们拥有知识和力量，足以使我们能够完全凭自己的喜好来塑造社会，并据此行事，那么，那些我们实际上没能掌握的知识，就很可能会令我们付出惨痛代价。

在哈耶克的观点提出 40 年之后，默文·金的有关近期金融危机的书出版了，书中强调了他称之为"根本不确定性"的作用。金的"根本不确定性"和哈耶克的"知识的假象"所指代的是经济行为的不同方面。哈耶克所考虑的是宏观层面的国家的经济管理，而金则主要聚焦于商业和银行业。但两人都表达了反对自以为是的经验论的观点，这一观点应该被反复重申。

正如默文·金所阐述的那样，"根本不确定性"是指，这种不确定性是极其高深莫测的，我们无法罗列一系列可知的、详尽的结果来代表未来，而且这些结果还被我们附上了各自的概率值。经济学家们通常都会认为，"理性"的人能够编制出概率值。他们还补充说到以下内容。

但是，当企业在做投资时，他们所掷出的骰子上，并没有标明已知的、有限的结果；相反，他们所面对的，是一个无限可能的、难以想象的未来。几乎所有定义现代生活的事物，如汽车、飞机、电脑和抗生素，虽然如今看来都是我们习以为常的，但在过去，这些事物都是难以想象的。

默文·金说，没有将"根本不确定性"纳入经济模型，是导致最近这次经济危机的原因之一。

弗兰克·奈特是 20 世纪 30 年代的一位美国经济学家，他提出了一个有关风险和"真正的不确定性"的观点。他认为这二者是具有显著区别的：风险，是指我们虽然无法预知结果，但可以合理预估一系列潜在结果发生的概率；而"真正的不确定性"，是我们根本无法衡量的。我们时常会用"奈特氏不确定性"（Knightian uncertainty）来形容我们根本无从知晓的未来事件。凯恩斯也这样形容不确定性："没有任何科学依据能帮助我们计算出其发生的概率。我们就是无法知晓。"我的个人观点是，我们最好完全弃用"不确定性"这个词来指代这类问题。在"完全确定"和"全然无知"这两极之间，"不确定"，甚至是"根本不确定"听上去仍给我们留下了一丝希望或期盼。我认为必须清楚的一点是，我们经常讨论的其实是"全然无知"。

在我看来，这种无知，或者说根本不确定性，似乎是深层次的、不可否认的又无法避免的。我也相信用概率是无法定义它的。我只想再进行深入分析。仅仅将这个问题局限于洞察力的不足是不够的。的确，经济的现状无法向我们展示经济的未来，即使只是给我们提供一些概率，也做不到。同样地，过去的"经验"也无法可靠地指导经济的现状。

▊ 时间的神秘报复

自然，不确定性问题并不局限于经济领域，时间会对各个领域的知识都展开报复。人类学家约翰·科马罗夫曾这样写道，"历史是一连串断裂的事件，这些事件共同导致了我们对现在的误解"。如果你接受了这一观点，那就意味着，历史的长河有多么长，我们的误解就有多么多。

科马罗夫的怀疑态度丝毫未减。上面这句话摘自他在1994年发表的一篇文章。他在文中论述了他称之为民族主义更黑暗、更危险的另一面，当时的人们认为民族主义问题已经有所好转。他的这篇文章不仅是一个预言，还被认为是对当时局势的写照。另外，几乎与此同时，在前南斯拉夫及其他地区，一系列暴力和民族主义冲突开始再度暴发。"这些事件不仅令毫无怀疑态度的学术界震惊了，它们更是表明，多年流传下来的社会理论和预言是完全错误的。"科马罗夫这样说道。

劳伦斯·弗里德曼爵士在他的《战争的未来：一部历史》一书中引用了科马罗夫的观点。弗里德曼爵士回顾了古人的智慧，借以表明，尽管那个年代已被新时代所彻底取代，但是我们如今的知识却早已在过去被反复论述。在这方面有一个引人瞩目的例子。那是在 1912 年，也就是"一战"爆发的前 2 年，阿瑟·柯南·道尔爵士写了一篇短篇小说，内容是关于一场水下的潜水艇大战，其中还包括了击沉客轮的情节。当时的海军上将们对这篇小说十分不屑，并非是基于技术上的不可操作性，而是因为击沉民用船只绝非任何文明国家会干的事。

技术的变革是认知落后于现实的原因之一。另一个原因则在于道德或行为规范的改变，潜水艇的例子就充分说明了这一点。第三个原因是，我们对于战争的想象发生了改变，正如我们在伊斯兰国家的恐怖主义和叛乱暴动中看到的那样，从某种意义上来说，这些战乱是对于世界上技术最先进的强国的有效回击。这是一个因果关系不断变化的秘境，但凡声称自己知道前路几何的，倒真是真正的勇士呢。

劳伦斯·弗里德曼写道："许多万众期待的发展，无论是被惴惴不安地期待，还是被热切地期待，最终都未能发生。那些真实发生的事件，有时在回顾过去时被看作是不可避免的，但当初人们在展望未来时，却很少这样看待它们。"

一个老笑话讲：永远不要预测，尤其是不要预测未来。我们中的很多人都会承认，未来的确是预言的坟墓。但同样又会有多少人为过去和现在的可知性而辩护呢？然而，过去、现在和未来的知识是相互依存的。一旦犯了一个错误，你就会很容易犯下由此而导致的另一个错误，或者犯下导致你犯错的前一个错误。无法预知未来通常意味着我们根本不了解现在，因为现在是未来之源。无法可靠地预测通常意味着无法认知。我们都是不幸的预测者。

"那些无法从历史中吸取经验的人注定将重蹈覆辙。"哲学家乔治·桑塔亚纳这样写道。我们应该再补充一句：那些的确从历史中吸取了经验的人——或者自以为如此的人——注定要与现实博弈。哪些"经验"是我们该吸取的，哪些又是该摒弃的呢？哪些经验的作用能从过去一直延续到现在甚至推及至未来，而哪些又无法一直适用呢？过去、现在或未来，都并非简单的时间上的跨越，而是每时每刻都在发生着变化。从原生情境中获取的知识，其所有的扩展应用都会产生漏洞。

　　跨越时间的效用问题——在某个时间似乎得到充分论证的知识在另一时间却失效——给我们设置了一个令我们望而生畏的挑战:它使我们面临着只能从过去的经历中吸取有限经验的难题。任何对自身经历深信不疑的人——如我们中的大多数——来说,这都是令人不安的。毕竟,那都是我们身临其境并亲眼所见的。但是,那些知识能够普适吗?是否会有新的、隐藏的、神秘的因素出现,我们没意识到自己并未发现它们,从而使我们在当时当地所获得的经验,在此时此地却无法奏效?

　　不过,有一条经验或许值得铭记于心。这句话出自经济学家约翰·加尔布雷思之口,并为默文·金恩引用:"犯下惨痛失误的经历是有益处的;经济学家都应有这样的经历,但拥有这样经历的寥寥无几。"

　　有时,过去是一位可靠的向导;有时,它是一声警报;还有时,两者兼而有之。难点在于,我们怎样知道在不同情况下它究竟是哪一种。我们无从知晓,直到具体事件在它们的时间、以它们的方式揭示出事物的规律,而这些规律巧妙地打破了那些最聪明、思维最缜密的人们所想象出的规律,或许直到那时,我们才能有所启迪。要一直牢记,我们以为的其实并不是我们以为的那样。

4. 掌握了方法根本解决不了问题

研究"发现"发现不了什么

从已知中去猜测未知……以小见大，见微知著。

亨利·詹姆斯

《小说艺术》，作于 1884 年

2012 年，澳大利亚人格伦·贝格利在加利福尼亚的一家名为安进（Amgen）的制药公司担任血液肿瘤研究小组的负责人，当时他正准备跳槽。在离任前，他提出了一个听起来完全善意的建议，那就是为他的继任者准备一份知识说明报告——也就是一份指南，上面记载着他们做过的各种实验，尤其是那些没有成功的实验（他们的行话叫"目标"。一般认为，为了破坏或控制癌症的致癌机制，人类细胞中的所有组成元素都应被列为研究目标）。

贝格利的团队还着手准备重新验证 53 个他认为是这一领域内的重要发现，这些发现之前都是由顶尖的科学家团队所宣布的，且都被发表在世界前沿的杂志上，包括《自然》《科学》和《细胞》等杂志。如果在重新实验的过程中出现了任何问题，那么该团队会联系原始实验的研究人员；在某些情况下，还会邀请那些研究人员站在一旁，观看他们的实验过程。

在这 53 项研究中，再次实验成功的有 6 项，其余 47 项则失败了。也就是说，在这些出自世界顶尖实验室、被发表在世界顶尖杂志上的被同行评议过的发现中，有近 90% 似乎站不住脚。在近期出版的一本书中，这一结果被称为"贝格利的重磅炸弹"。这一事件及其他相关真相依然在震惊着整个研究界。

格伦·贝格利在一次访谈中对我说:"我们真的只能用震惊来形容,世界上一些著名的科学家和实验团队竟无法重现他们自己的研究成果,这依然令我震惊不已。"

贝格利说,值得为他们的团队点赞的是,他们毫不犹豫地决定公布这些结果。但他说,自己太天真了,本以为其他人也会有类似的反应。在结果被公布之后,他受到了威胁和辱骂,还有人说他和他的同事们就是一群乌合之众,他们在会上还遭到了非议。

时间证明了他们的清白。人们的反应发生了转变。其他人在试图证实这些发现的有效性时,也遇到了类似难题。研究重现失败的比例并不总是一样的,但失败率一直居高不下。许多我们自以为了解的事物,其实我们根本不了解。在《自然》杂志 2016 年的一项调查中,90% 的受访者认为存在研究重现危机。

格伦·贝格利不能告诉我们他重现的是哪些研究,因为他与其他实验室签有保密协议,所以我们无法知道哪些知识是可靠的,而哪些又是不可靠的。这意味着,该领域内的人们可能在不知情的情况下,继续使用可疑的科学知识,还期盼着能借此获得有用的新知识和新疗法。在贝格利的报告中,他是这样描述的:"那些已发表的里程碑式的研究成果"不仅无法重现,还"催生出了一大批次级成果,这数百项次级成果都是对原始研究中的要素的扩展研究,却都没有真正地对研究基础进行验证或证伪。"

在我们的交谈中,贝格利动情地谈到了意外卷入一场研究风暴对自己情感上的冲击。毕竟,对待工作,他一直是全身心投入的。像许多科研人员一样,他也希望世界可以变得更美好。那些团队共同努力的成果中有多少是自欺欺人的,要想知道这一点并不容易。贝格利坚信一个事实,那就是:有时候科学的成功可以惠及所有人。他说自己刚从事这一行时,那些如今习以为常的治疗多种症状的疗法在当时是无法想象的。所以,令他难以接受的,并非是所有的科学体系都崩塌了,而是如此多的人才、金钱、时间和机会都被浪费在错误的知识导向上,而并没有被用在推动真正的科学进步上。

贝格利还几乎是在不经意间提到,在开始尝试重现那些实验之前,他就料到半数的成果可能是错误的。尽管最终，他还是被 90% 这一数值给震惊了。但如果数值只有 50%，他的震惊就会小得多。这是他凭借数年从业经验所做出的一个判断，他在会议厅与其他研究人员交谈时，总能听见这样经典的闲聊："那个研究？我才不信呢。"

在一个求知若渴的世界里，50% 的失误率对于我们中的一些人来说，也许听起来就像是研究失败的一个衡量标准。它并不意味着有半数的实验没有取得任何有益成果，实际上这种情况是完全可以理解的。它真正所指的是，半数我们以为从中有所收获的实验，其成果很可能是误导性的。

有些研究注定如此。在"观测到了实效"和"什么也没观测到"这两种情况之间，还有不小的余地，而一些假阳性的结果就极易产生。假阴性的结果亦如此。奇怪的是，我们鲜少看到阴性结果，而阳性结果却不断涌现。这种巨大的失衡令人深感疑惑。

要想知道这种情况是如何产生的，可以想象以下情景：假设我们需要对一种治疗抑郁症的药物的有效性进行 100 次试验。有半数结果显示有疗效——药物有效，还有半数结果显示无效。所有 50 个发现药物有效的试验结果都公布了——尤其是因为它们似乎告诉了我们一些令人兴奋的事情。但另外一半没发现有药效的试验结果中，只有 25 个被公布了。毕竟，谁想听你说你什么也没发现呢？接下来，即使是在那 25 个否定性的研究成果中，也依然会有一些肯定性的因素，于是在研究报告的摘要中，这些肯定性的因素被着重强调，而否定性的因素则被淡化或忽略了。这进一步削减了否定性证据的数量，也许又减少了一半。之后，为了过滤掉更多否定性信息，其他的论文中引用这些信息的频率降低，这样它们就更难以被找到了。再也没人谈论它们了。对于调查研究结果的外界人士来说，到最后几乎没有人对药效有任何疑问。肯定性的证据取得了压倒性的优势：该药有效。而事实上，正反两方面的证据本应是势均力敌的。这就是从无结论到结论无争议的证据之旅。顺便说一句，这是个真实案例。关于治疗抑郁症药物的有效性，姆克耶·安娜·德·弗里斯和他的同事们就其否定性证据的消失展开了研究。他们发现，所有的负面证据都以这样或那样的方式几乎完全消失了。科学无法自我修正。相反，它令一半的证据沉默，却放大了另一半的效果。

剑桥大学塞恩斯伯里实验室主任奥特林·雷瑟爵士表示："当今社会几乎已经形成了一股风气，提倡影响重于实质，华而不实的科研成果重于枯燥的验证工作。而实际上，大多数科研的本质恰恰是不厌其烦地验证。"

有一个名为"科学认知"的慈善组织发起了一项名为"全部试验"的运动。在听过他们的故事之后，诸位会对以上证据消失的故事有更深的感触。"全部试验"的目标很简单，就是呼吁公布所有临床试验的结果。在这一方面，欧盟也明确规定：所有临床试验在试验结束12个月以内，必须将结果上报欧盟进行登记。2018年9月，"全部试验"负责人表示，在欧盟登记在册的试验中，足足有一半未能按要求报告结果。据统计，在企业赞助的试验中，有68%的试验依规上报结果，而其他的试验上报率仅有11%。"科学认知"组织表示："这意味着，在由欧洲大学、政府、慈善机构和研究中心所赞助的试验中，近90%的试验都违反了欧盟的规定。"

我们不知道这些研究结果迟迟不上报的原因究竟是什么。相信随着时间的推移，依规上报的结果可能会越来越多，但我们依然坚信，许许多多的证据似乎依然在黑暗中挣扎，难见天日。

所有无法在科研会议室参与闲聊的人，都面临着不知该相信什么的难题。即使他们知道，公布的研究结果中有一半是错误的，可究竟是哪一半呢？由此引发的后果是，他们将质疑一切。50%可靠就是不可靠，如同你的伴侣告诉你，他（她）的忠诚度是50%一样，这是一个语法上的矛盾。如果路标只有在半数的时间里会指向正确的方向，那看路标又有什么意义呢？

格伦·贝格利给出了以下建议。

始终保持怀疑态度。切勿只因出自著名的调查家之手，或者发表于一流期刊便轻信之……人需多疑。作为科学家，我们必须始终持怀疑态度。这是我们的立业之本。人们会在各种利益的驱使下去呈现出肯定性的实验结果。他们会出名。他们会成为媒体的焦点。他们会得到晋升。他们会入选各种学会，等等。他们之所以将结论数据渲染得比实际情况更具有正面意义，外界压力是一个极为重大的因素。

显然，进步是值得去努力获取的。当然放弃也没问题。但关键是，再有研究结果被公布时，我们能有多大把握肯定它是真的呢？那算是知识吗？我们应该如何分辨？专家、大学还有负有盛名的杂志，这些最常见的科研结果的源头，如今却远非令我们安心的理由。去伪存真的过程变得越来越难，越来越耗时，尤其是因为这么多的精英和翘楚都在浪费时间追逐真伪难辨的科学。

格伦·贝格利还谈到了以下内容。

在安进公司的时候，我们部门在尝试重现那些被发表在顶尖杂志上的数据时，我们投入了20%～30%的全职人员来处理数据，有时甚至达到了50%的人员。我们虽不确定，但猜想默克公司、阿斯利康公司、辉瑞公司、诺华公司很可能也在做类似的实验，因为整个行业都依赖于在大学里所取得的那些科研突破。所以，机会成本很可能比我们实际所预估的要大得多。

近年来的问题，不仅仅是我们不知道自己何时犯了错，而是我们连自己犯了错都不知道。直到最近，我们才知道那些被发表的研究成果中，有多少可能存在疑问。一些人可能会质疑，如今这些问题是否比以前更严重。然而，这并不是我们忽略它们的借口。格伦·贝格利在癌症研究中发现的问题，在其他地方会有根本性的不同吗？他认为我们没有理由这样想。只要有相同的诱惑，无论在哪里，人们的行为都是一样的。而类似的诱惑无处不在。

■ 养牛赚钱吗？

当我与没经历过研究重现危机的人们谈论这个话题时，他们主要会表达两点疑问：

1. 为何即便使用科学的方法，也会从实验中得出一个站不住脚的结论？

2. 研究重视危机问题是否真的那么严重?

关于第一点疑问,可以来看下面的故事,它会告诉我们即使想找出一目了然的真相,也会遇到许多实际的困难。在这个故事中,是要算出拥有一头牛的大致收益。这会有多难呢?

清晨五点半,太阳刚出来,拉杰夫·古普塔就开始了他一天的劳作。先是要给他的 60 头摩拉水牛和 33 头泽西奶牛喂饲料,然后从大约 8 点开始挤牛奶,一直需要挤 4 小时左右。工作虽辛苦,但收入可观。古普塔不肯向我们透露他的收入,但据《印度快报》报道,他靠养殖水牛和奶牛买了房,买了车,还供他的两个孩子上了学。

我们可以把这个问题简化为一个研究课题:如果你养的不是 93 头牛,而是只有一头,那么养牛能赚多少呢?几年前,一个团队决定计算一下在印度拥有一头牛的收益。一些慈善机构会给世界各地的穷人送牛。有一家机构声称,600 英镑(700 美元)就可以买一头牛,而另一家机构则表示,650 英镑可以买一头奶牛,210 英镑可以买一头"本地"牛。在他们的网站上,你可以看到有关养牛的好处的励志故事:"当你给一个家庭送去一头牛,你就是给他们提供了源源不断的财富和实惠。这些牛不仅会给这些家庭提供日常饮用的牛奶,多余的牛奶还是一种可持续的收入来源。"

但研究的结果令人震惊。根本没有总收益,只有总成本。无论我们试图从拉杰夫饲养 93 头牛所带来的舒适生活中得出怎样的结论,无论我们认为一头牛能给一个贫困家庭带去多大的利益,用经济学的语言来说,在小规模养殖的情况下,若将养牛户一年的收入减去支出,尤其是减去照看一头牛所花费的时间成本,那么其最终收益将为负数。

稍做思考便能明白:养一头牛根本不赚钱。这绝对是一个令人震惊的大新闻。在印度农村有许多牛,很多人家都养牛,原因似乎显而易见。牛常常是他们所能想到的最接近于省力机器的东西,它套上犁就可以耕田,还能驮粮食,拉货车,可以产奶,甚至还能给你生一头小牛,它们的粪便可以当肥料,自用售卖都行。如果说养一头牛是个错误,那么这种错误比比皆是。如果你没有牛,那么你很可能想养一

头。你的想法错了吗？慈善机构是在好心办坏事吗？

最新研究表明，养一头牛的行为似乎违背了资本主义的一条基本原理：一头牛作为一项资产，其饲养成本大于可得收益——即使如此，人们依然在它们身上投资，而且是那些你觉得会把一分钱掰成两半花的人。当然，并非所有的养牛户都会亏本，但收支相抵的数据还是说明了一个规律：总体来说，养一头牛意味着更低的净收入。假如并非必须饲养，为何还有人要这么做呢？各种推测不胫而走，因果推理也派上了用场。

你有一个优势，你知道这个故事远比表面看上去要复杂，否则我们也不会在这讨论它了。这是一个好的开端。而且你还听了那些养牛户的说辞——关于激励他们养牛的动机或他们当初可能一时失算，你会得到一些线索。所以，花点时间想象一下真实的情况究竟如何，然后再继续读下去。

你也许想将自己的答案与当时其他人的答案做个比较，这些答案包括关于牛的宗教信仰（对印度教徒来说，牛是神圣的）和社会地位（即使不为了赚钱，养头牛充充面子也是值得的）。或者养牛户们只是算错了账：他们之所以想养牛，是因为他们并没有考虑到一整年的饲养成本，而是在他们最想养一头的时候，仅仅考虑到了潜在的短期利益。同时他们还可能会说："想象一下，我们要是有自己的奶源会如何？"但他们肯定不会说："想象一下，养一头牛一年要花费多少？"或者不会说："想象一下，如果不养牛我能挣多少？"也许他们之所以养牛，是因为那头牛是上一代人留下来的，或者是他人（可能是某个慈善机构）赠送的；或者，他们看见其他养了很多牛的人——如拉杰夫——过上了相对富足的生活，于是在示范效应下，他们觉得养一头牛应该也能挣钱。

这个答案又如何呢？2016年，一支新的研究团队对这一著名现象又开展了一次研究。相较于计算养一头牛一整年的成本和收益，他们将计算范围延长到了3年。在3年内，会有收益特别高的时期，所以总体来说，收益减去成本之后的结果会更好一些。

在将观测期从1年变为3年之后，他们的研究结论推翻了违背资本主义基本原理的那个结论。在人们继续选择养牛的原因中，关于牛的宗教信仰和社会地位可能依然起到了一定作用，但这些已非决定性的因素了。养牛的收益，取决于天气，也有丰年和歉年。若在歉年计算收支，则会出现巨大的成本。而以几年为期进行计量，则收支盈余的情况会更清楚一些。

这一事例对你可有启发？你可能会反驳说，导致结论不同的甚至不是养牛户的某个行为上的微小变化，而是研究方法上的小变化——我们记录和观测事件的时间区间由 1 年变成了 3 年。的确如此，每个细微变化都影响重大。简而言之，此例的关键在于说明，研究方法中也可能存在神秘变量，且其同样能起到决定性的作用。

世界向我们展示的证据，会随着我们看待它们的方式而发生变化。由此带来的结果是，研究方法上的一个小变化就能引发结论的大变化。所以我们通常无法知晓实情是否如此，因为每一次实验中，我们只能使用一种实验方法。所有其他方法的可能性——所有我们解决某个问题的其他方式——通常依然是隐蔽的。这就是在一个充满微妙差异的世界中，我们的"发现"所发现不了的，即其他方法可能获得的发现。

如果我们用多种方法实验会如何呢？那么我们可能会发现，不同方法会出现相互矛盾的情况。接着我们就能意识到，实验结果与我们看待问题的方式息息相关。然后我们或许就会更乐意承认，所有的因果都是在刀尖上保持着微妙的平衡。

如果这些故事令你觉得晦涩难懂，我深表同情，但这并非我的本意。于我而言，它们就像是拼字游戏的一条条线索，难解得令人抓狂。但它们的存在并非要羞辱我们，这些棘手的难题意味着我们的研究方法遇到了来自真实世界的、冷酷的、无法避免的挫折。当我们举着证据，对着阳光，从这边看，能看见天空中的城堡，把它稍微转一个角度，城堡就消失了。一位著名的研究标准评论家——来自斯坦福大学的约翰·约安尼迪斯教授将这一现象称为"雅努斯效应"：证据常常具有两面性。

如今，关于印度养牛的争议有定论了吗？果不其然，最开始的那批研究人员对三年期研究的结论予以了回击。然后在大约一年以后，另一支新的团队重新审视了养牛收益的问题，这次的研究地点是乌干达。他们发现大多数养牛户的收益都不错，总体来说养牛无疑是赚钱的——但约有 1/3 的穷人，他们在养牛之后却变得更穷了。换言之，尽管总体来说养牛收益可观（至少在乌干达是这样），但你怎么知道如果你养牛就一定赚钱或赔钱呢？所以，争论仍在继续。即使现在，我们也不可能信心满满地说慈善机构是否应该给穷人送牛，因为结果的好坏可能取决于牛的品种、养牛人、天气，甚至是国家。

究竟应该支持还是反对养牛，至今仍未有定论。但我们或许可以达成另一个共识：一旦我们把养牛过程中的神秘变量与研究养牛收益的方法中的神秘变量结合在一起，问题的答案就会成倍地增加，直到最后我们发现，也许根本就不存在一个可以概括全部情况的、确定的答案，这样的结论也是情理之中的。一个简单的问题之所以会产生这么多的答案，是因为这个世界处处都有微妙的变量。小细节就能产生大影响，令人抓狂，不是吗？我们一次又一次地乘着因果关系的信念之风扬帆起航，踏上寻找一个伟大真理的征途。我们调用资本主义、宗教或人类非理性这样的重大理论为自己保驾护航，却还是撞到了一块未知的礁石上。

■ 雅努斯的 241 副面孔

几年前，约瑟夫·西蒙斯（Joseph Simmons）和他的同事们写了一篇论文，详细描述了研究重现问题的这个方面——即用不同方法处理数据就能得出多种不同的结论。他们还提出了"研究人员自由度"的说法，用以说明研究人员所做的每一个选择都能左右最终的结论。他们说，虽然错误无法避免，但有一个错误出现的频率却格外高，那就是声称我们已经发现了世界运行方式的某个真相，但事实却并非如此，这是一个误判。

西蒙斯和他的同事们写道："在收集和分析数据的过程中，研究人员需要做出许多决定，如是否应该收集更多数据，是否应该排除某些观测数据，等等。"计算养牛成本的研究人员也面临着类似的选择：究竟是应该考虑一年期的数据、三年期的数据，还是以牛的一生为时间跨度的数据。

他们还写道："研究人员预先做好所有决定的情况是很罕见的，有时是不切实际的。"相反，常见的（也是公认的）情况是，研究人员探索各种不同的分析选项，找出一种可以产生"统计意义"的组合，然后只报告"有效的"方法。

不需要邪恶的意图——也不需要通过欺骗或"不当的"手段来获取一个发现——只要有模糊的意识知道如何做出最好的决定，再加上研究人员对"发现"的偏好，就能得出结论。但不难看出，这种组合——无论是有意的还是无意的——都可能得出站不住脚的结论。如果前提条件或假设上的微调就会影响到这些发现，那么这些发现或许只是我们用实验方法所塑造的人为假象，并非世界运行规律的真实反映。或者，世界的运行方式会因环境的微小变化而变得不同，所以当我们用某种特定方法去审视那些数据时，我们所看到的，只是在极为有限的情境中，在生活狭小的一隅所发生的事情。若果真如此，那么找寻普适真理的愿望已经将我们带上了一条全部是不相关信息的道路。

约瑟夫·西蒙斯和他的合著者们写了下面这段话。

作为科学家，我们的目标不是尽可能多地著书立论，而是发现和传播真理。我们中的许多人——包括本文的三位作者——都常常忽略了这个目标，屈从于外部压力，找一切合理的借口去编制一套可以发表的研究成果。之所以这样做，并非故意欺瞒大众，而是因为对模棱两可的结论的一种自私的解读，它使我们能够说服自己，无论做哪一种决定，只要能产生最适合发表的结论，就一定也是最恰当的。

一定程度的研究自由令我们所能感知的极为有限，不足以干扰我们不经意间流露的本能或是研究的合理性。但假如真如本书中的证据所显示的那样，因果关系极易发生微妙的变化，那么这种自由就可能起到关键性的作用。

研究人员究竟有多少自由呢？在 2012 年发表的一篇题为"实验的神秘生活"的论文中，约书亚·卡普（Joshua Carp）调查了在神经影像领域研究自由的问题。他查验了已发表的 241 项研究中使用的各种方法——发现了近 241 种不同的研究途径和处理数据的方法。也就是说，几乎每一篇论文都使用了一种不同的研究方法。卡普说，研究结果呈假阳性的概率很可能会随着实验设计的灵活性的增加而提高，而显然在这种情况下，实验的灵活性是很大的。在另一份报告中，卡普通过大量的所谓独特分析程序来检验某个单一的神经影像证据，以试图估算出这种潜在的研究自由度有多高。他写道："考虑到这些决策的各种可能的组合情况，一共可得出6912个独特的分析方法。"选择的空间很大，分析的自由度也很大。

形容这种风险的另一个生动的比喻是"歧路花园"，这一说法是由两位美国统计学家引述自豪尔赫·路易斯·博尔赫斯的一篇小说。安德鲁·格尔曼和埃里克·洛肯将研究实验想象成一个迷宫般的花园，里面有无数条路径，在这些小路中，研究人员只选取了其中一条——而这一条路恰好通向了"某个发现"。同样地，他们并非为了故意欺瞒而选择这条路。格尔曼他们还做出了以下假设。

假设一位研究人员很想知道，在面对医疗保健或军事方面的简短数学测验时，民主党人和共和党人的表现会有怎样的不同。这个研究的假设是，他们的认知程度会因知识领域的不同而不同，并且认为民主党人在医疗保健方面的表现会更好，而共和党人则在军事方面表现更佳。政党身份认证可以采用7分制的衡量标准，还可以借助各种人口统计信息。此时，我们有大量可供选择的比较项——且都与数据保持一致。例如，我们在男性中可以找到符合假设的模式（具有统计意义的），而在女性中却无法找到——用男性比女性更具有思想性的理论来解释，是可以说得通的。或者，我们在女性中可以找到这种模式，而在男性中却无法找到——用女性比男性对不同领域更具有敏锐性的理论来解释，也是可以说得通的。或者，研究假设对两组数据都不具有统计意义，但两组数据之间的差异却是显著的。这依然可以套用上述理论。或者，实验效果仅发生在被女性采访者提问的男性身上。我们也许只在有关医疗保健领域的问题答案中，看到了性别差异，但在军事领域的问题答案中却未能发现。考虑到如今，医疗保健问题已成为一个极为突出的政治问题，而军事问题还未达到这一高度，所以出现这种结果也是有道理的。在按照7分制将受访者划分为民主党人和共和党人的过程中，也是存在自由度的。独立党派人士和非党派人士如何处理呢？他们可能被完全排除在外。或者，也许关键在于，假设对象应该按照党派人士和非党派人士来划分，等等。

有时候，我们所要做的就是选择那条"正确的路"。

几乎没有任何问题可以确保不会面临可以用多种方法来解答的困境，而且最正确的方法并非总是显而易见的。试试考虑这个问题：如果在类似的犯规情况下，肤色较深的球员被罚下场的次数多于肤色较浅的球员的次数，那么种族主义就可能是出示红牌的原因之一。我们怎样才能确定，被罚下场的次数真的会因肤色人种的不同而不同呢？一个小提示：绝非仅仅计算出每名球员的红牌数就能轻易找出答案。

分别来自西班牙和新加坡的商学院的拉斐尔·西伯扎恩和埃里克·乌尔曼各自邀请了 29 个研究团队来试图找出答案。他们给这些团队提供的都是完全相同的一堆数据，涵盖了法国、德国、英格兰和西班牙的顶级球队的相关信息。结果如何？他们得出的结论五花八门。在 29 个研究团队中，有 9 个团队发现肤色和红牌之间并无关系。有 2 个团队认为肤色较浅的球员更可能被罚下场。18 个团队声称肤色较深的球员更容易被罚下场。

虽然绝大多数观点倾向于肤色较深的球员的确会得到更多红牌，但为什么会有不同结果呢？因为人们可以选择用不同的方式看待这个问题，即拥有研究自由度。一个球员的场上位置是否应该考虑进去呢？或者与他在哪个国家踢球有关吗？诸如此类的问题，再加上衡量效果的统计方法的选择（如果你想知道的话，这些方法包括从贝叶斯聚类到逻辑回归再到线性建模，等等），就导致了对某个问题的截然不同的看待方式。

多样分析意味着有各种各样的证据。但相较于此，假如只有一个团队，只用一种方法来进行研究，结果会如何呢？我们也许已经有了一个结论，并且此刻可能正确信无疑地声称："研究人员已经发现了……"但那个会是正确的结论吗？多样分析透露出了常常隐藏着的其他答案，如果我们能够多比较几种研究方法，也许我们的努力就能换回一些不同的答案。

无论用什么实验方法，在唯一一组条件下进行的实验显然是存在缺陷的。心理学上的一个典型案例已经成为方法论批判者们的众矢之的，以至于尽管我们其他人依然在探索其背后的原因，而研究界已不愿再提及了。这个实验是在 1996 年进行的，其研究的是，如果以语言水平测试为幌子，令实验参与者"启动"一些词语，但实际上是想让他们在无意中想到"年迈"的概念，结果会如何呢？在这项实验中，有15 名参与者被启动了与"年迈"相关的词语，然后当他们走过外面的走廊时，研究人员会悄悄给他们计时，然后与另外 15 名没有被启动的参与者进行比较。总体来说，被启动的参与者走得更慢——即研究人员发现——仅通过启动与"年迈"相关的词语这样的文字游戏，就仿佛能令他们自动地老了几岁。后来，研究人员又另寻了 30 名学生，将他们分成两组再次重复了上述实验，依然得出了相同的结论。

当时有许多实验都证明，启动效应是一个普遍存在的现象，1996 年的那个实验只是其中之一。另一个例子是"微笑使人快乐"，这一发现被称为"面部反馈假设"。研究人员让一些大学生用牙齿咬着一支铅笔（诱导他们"微笑"），或者将铅笔放在嘟起的嘴唇上（诱导他们"噘嘴"），然后问他们加里·拉尔森的漫画《在远方》好不好笑。结果是，"微笑者们"觉得漫画更有趣。

在 2008 年和 2012 年，其他研究人员曾先后试图重现启动年迈实验，结果却没有任何发现。如你所料，人们的争论开始了。这些重现实验是否受到了干扰？例如，研究人员让参与者"径直走出大厅"，这句话中的"径直"一词是否抑制住了联想到年老的启动效应；或者重现实验中使用的启动词语与"年迈"的联系不够紧密，不足以令参与者产生联想？

也许原始实验存在漏洞，也可能是失败的重现实验存在缺陷。再次重申，我们无须怀疑任何人的诚信，但我们依然想知道，这些同类实验中的每 30 名参与者提供的证据，是否足够可靠。至少，这项实验的设定似乎太容易受到干扰：如果连使用"径直"一词这么细微的差别，都能影响实验效果，那么最终的结论又能有多大的可信度和普适性呢？是否启动效应的出现有着极其严苛的条件，以至于我们无法判断它何时或是否真的会出现？或者从另一方面来说，是否有一天，我们能够准确无误地指出使启动效应出现的偶然因素？对此我们一无所知。就目前而言，假如细微的变化就能对其产生影响，那在现实世界中，我们又有几分把握能掌控它呢？在"微笑使人快乐"的重现实验中，有一个也失败了，但另一个成功了——是在正确的条件下。

我在本书中的观点一以贯之，即我们极有可能受到若干细微因素的独立或共同的影响。令我有所质疑的是，在这个由许多其他相互作用的神秘变量所组成的纷繁复杂的世界里，这些影响有可能在多大程度上是系统性的、稳定的或可控的。面对这样一个世界，假如事实证明我们在寻找的是一个强大而清晰的结论，那么只在一种情境中、在一套条件下、用一种方法、仅研究一次也许就足够了——有时我们的确会得出这样的结论。但若结论稍逊于此，而我们依然用这套模式，那就是在自寻烦恼。

前几章的事例已经提醒我们，面对不同时间、地点、人物或动物，知识是极其脆弱的。本章所展示的，是知识的另一个层面的脆弱，即我们在看待世界或处理数据时，所选择的不同方法也会影响知识的普适性。你拿着相机，随性抓拍，从这里拍一张照片。你看到了什么？同样一个世界，同样随性而为，改变你的视角，那么你所看到的世界也将随之改变。这仅仅是我们方法上的问题，还是我们的方法之所以会产生差异，是因为世界在每种情境中都可以精细地调整出无数种不同的微小差异？

如果在研究领域情况尚且如此，那么在政商界及其他领域的人们也可扪心自问：是否选择了得出结论的"正确"道路？是否所谓的"正确"答案是轻易得到的且并不那么正确？是否他们同样生活在一个提倡华而不实的发现的世界里？如果他们的世界也可能存在上述问题，那么对于这些路标的可靠性，他们又该给予几分信任呢？

■ 疑窦丛生的"知识"

关于我在本章的"养牛赚钱吗？"开篇部分所提到的人们的第二点疑问，即研究重现危机问题是否真的那么严重，继续以心理学领域为例来进行探讨。人们对这一领域的研究重现问题一直颇为关注，一群科学家开始重新验证这些"发现"。在他们坚持不懈地审查下，许多"发现"逐渐消失了。在100项研究成果中，有39项被成功重现，61项未能重现，这些研究都被顶级心理学杂志发表过，且都通过了一个名为"重现项目"的团体的再次检验。领导这项重现实验任务的是弗吉尼亚大学的心理学教授布莱恩·诺塞克，他表示，他们根本没有办法确定这些论文的真伪。但这种做法无疑提高了怀疑论的门槛。值得称赞的是，心理学界已经意识到了这些问题，并正在努力解决它们。

生物医学是另一个值得关注的领域，这个领域内对研究重现问题的抱怨更是由来已久。1994年，德高望重的医学统计学家道格·奥特曼发表了一篇文章，对研究标准进行了直截了当地抨击。

假如一位医生有意或无意地使用了错误的治疗方法，或者错误地使用了正确的治疗方法，例如，在注射某种药物时弄错了剂量。我们应该如何看待这位医生？大多数人会认同这种行为是不专业的，可以说是不道德的，是绝对无法接受的。

假如研究人员使用了错误的方法，无论是有意还是无意的。错误地使用了正确的方法，误读了研究结果，选择性地报告研究结果，选择性地引述文献内容，并得出不合理的结论，我们又该如何看待他们呢？我们应该感到震惊。然而，在大众期刊和专业性杂志上的大量的医学文献研究中，上述现象比比皆是。这真可谓丑闻一桩。

有一位名叫威廉·凯琳的评论家，是哈佛大学医学院的医学教授。他曾坦言："我对于生物医学研究中马虎敷衍的态度十分担忧。"在其他问题方面，他认为写论文的目标已经从"验证具体结论转变为做出尽可能广泛适用的论断"。凯琳说，追求广度必然会缺少深度，以至于没有人具备足够的专业能力，去评估那些达到了前所未有的广度的论断。"危险的是，这些论文越来越像稻草搭建的大厦，而非坚固的砖瓦楼房。"他将这种趋势称为"论断通胀"（claims inflation）。因此，研究发展的方向已距严谨治学愈来愈远。这种研究中的"马虎敷衍"会影响病人手中的药品质量吗？要是没影响，那倒真是令人意外。例如，连某些专业人士都严重质疑医学的可靠性。

维纳亚克·普拉萨德医生就是一个突出的例子。与许多医生一样，普拉萨德医生也一直心存疑虑。他如今是一名血液肿瘤学家兼俄勒冈健康与科学大学的医学助理教授。他的早期从医经验都是在心脏重症监护室获得的，在那里，他们经常会进行植入心脏支架的手术。心脏支架就是一种管子，用于撑开狭窄或阻塞的冠状动脉。

在某些情况下，植入支架是可以挽救患者生命的，所以支架依然被作为一种医疗手段。但普拉萨德说，对于其他接受植入的患者来说，最近的一则消息会令他们感到不安：如今，我们认为支架并没有显著功效。普拉萨德医生想起了一位妇女，对她而言，支架很可能是完全无用的。他描述称她遭受了悲剧似的并发症。在某些医疗条件下（必须强调，并非所有条件下），植入支架这种医疗方法——这种被提供给成千上万人的侵入性操作——已经被推翻了。

如今，普拉萨德医生和来自芝加哥大学的医学教授亚当·斯福共同撰书探讨"医疗逆转"现象——即药品的疗效发生了转变。"我们每个人都有这样的回忆，即某些时刻我们意识到，自己对病人曾说的话或做的事是错误的。我们倡导了一种公认的惯例做法，但其对病症最好的效果就是无效。"他们这样写道。

普拉萨德他们说，"曾经被标准化后又被推翻的程序的数量有些惊人。"他们在书的附录部分，总结了自 2001 年至 2010 年期间被发表在《新英格兰医学杂志》上的 146 项研究——这些研究都找到了反面证据来推翻公认的常规做法。大部分研究以明确无误的实例表明常规做法产生了副作用，有些则表明并无实效。无论怎样，这都不是一份让你对医疗信心满满的清单。

是否有理由认为，《新英格兰医学杂志》披露了医学上的全部或甚至大部分的错误，那么对于其他医疗程序，我们便大可放心了呢？普拉萨德医生和斯福医生并不这么认为。他们依据研究结果推测出，在现行的医疗程序中，约有 40% 要么无效，要么会产生副作用而造成伤害。他们说，这在很大程度上是因为从一开始，他们背后的科学知识就不够准确。

他们还顺便提到，错误的想法听上去可能会很合理，而这显然无助于我们从错误的想法中筛选出正确的答案。撑开被阻塞的动脉，尽可能早地确诊癌症，修复一块撕裂的软骨或闭合心脏上的一个洞，还有什么能比这些做法更有意义呢？但是，在普拉萨德他们的书中，这些做法都被纳入了值得怀疑的医疗手段之列。

我们把似是而非的东西误认为是知识，这是危险的。似真性的确是一条线索，但通常只是一条隐晦的线索，仅此而已。尤其是因为人类都是出色的讲述者，几乎可以为任何事物都编造出合理的解释。尽早诊断癌症，听上去是一个明摆着的道理，但事实表明，在乳房检查所发现的乳腺癌案例中，出现假阳性的可能性极大——有些看上去需要治疗的病例，可能最好是放任其不管，因为这些状况永远不会对身体造成伤害。可究竟哪些病例可以归入此类，我们无法确定。这就意味着尽早确认所有可能的患癌情况，的确可以挽救一些生命，但对其他本无须治疗的人来说，这些不必要的治疗必然会对她们造成伤害。

总的来说，尚不清楚乳腺癌筛查是否利大于弊。尤其是那些接受筛查的妇女的平均寿命似乎并不比那些未接受筛查的长。所以，尽管有些妇女的确能从乳腺癌筛查中获益，但我们无法知晓具体是哪些人，所以我们只能利弊兼得。总之，我们不清楚是否应该进行乳腺癌筛查，只有患者本人真正可以决定。在美国，关于乳腺癌筛查的建议曾经是：如果不做乳腺癌筛查，"那么你需要检查的就不仅仅是乳房了"。那种信心如今看来有些尴尬，因为我们意识到自己对数据的可靠性进行了过度解读。

这种不确定性令我们感到如履薄冰。但其实我们一直是这样，只是没人告诉我们。2018年，英国癌症研究早期检测中心与其他机构联合主办了一场会议，会议得出的结论是："在实施了数十年之后，癌症筛查项目受到了来自未解决的伦理问题和筛查结果遭质疑的双重压力……专家们一致认为应当重新考虑这些项目，因为它们不符合我们对疾病自然史的最新认识。"

由这份副作用记录清单可知，临床医生和患者对于治疗方法都缺少应有的质疑。有证据表明，二者似乎都会夸大受益的可能性，而后者出于对前者的信任从而对治疗充满信心。最近，我参与了一个由英国医学科学院主导的项目，是有关医学风险沟通的。该院将患者和其他人分成一系列重点小组，然后向他们提问，其中有一个问题是如何看待治疗效果的不确定性。我旁听了一两次对话。受访者们说："这不成问题，医生不会把没用的药给我们。" 嗯，也许吧。

有一本近期出版的书令人颇感不安，它有一个有趣的标题叫《尸僵》。但书中并没有说医学研究的严谨性已经被宣告死亡，副标题《不严谨的科学如何创造毫无价值的治疗方法，摧毁希望并浪费巨资》倒是颇具质疑之意。

约翰·约安尼迪斯是一位长期批判研究标准的批评家。他认为，即使是循证医学（EBM）——被认为是纠正了过往错误的医学——也被伪装成权威的、懒散的、自私的或错误的科学假设所"劫持"了。

约翰·约安尼迪斯生于纽约，长于希腊，如今在斯坦福大学任职。在彬彬有礼、和蔼可亲的外表之下，是他对错误的研究方法和可疑研究结论的痛斥批判，他也以言辞犀利著称。2016 年 5 月，他在柏林的一场演讲中，对过去十多年间发表的论文中所使用的研究方法进行了一通驳斥，但他的愤怒已近乎蔑视。"科学发现已经成为令人厌弃之物。"他这样说道。

他的意思是，有太多的科研成果都是错误的。这从另一个方面佐证了论文的发表过程的确过滤掉了负面结果。研究实验必然会不时地报告所得出的无规律、无模式或无效果的结论。但这些报告都去哪儿了呢？我们只听到了"成功的结论"。实际上，被宣告成功的结论多如牛毛，以至于约翰·约安尼迪斯说整个科学界都变得令人难以相信。他在那次演讲中说，基于对实验或数据是否显示出阳性结果的一套标准测试，约 96% 的生物医学文献声称有这样的结果，"他们都说研究结果确有些许用益，可那实际上意味着毫无意义"。

他补充说，过去几年研究的成功率稍有改善，他的意思是与几年前相比，报告成果的论文减少了，但他接着说："不幸的是，我们仍然非常成功。"

约安尼迪斯说，在某些领域，我们可以回顾几年前的实验，看看当我们用新技术重新验证那些研究发现时，那些"成果"是否还站得住脚。在这方面，遗传学上就有一个经典实例。20 年前，寻找"……基因"的一些实验都在如火如荼地进行着，有大量报道称发现了某些特定基因与特定行为或疾病存在联系。这些寻找基因的实验常由小团队开展，并使用小样本。这些实验进展慢，成本高，且几乎无法重现。这些研究人员最多聚集几百名患有同一种疾病的患者，查看他们的基因组，寻找共同特征，然后找出相较于常人，似乎更多地出现在患者身上的特定基因，进而将它们定义为致病基因。

10 年前，基因学发生了改变。样本量变得更大了，检测成本大幅降低，研究团队更加壮大，研究标准更加统一，研究重现也更加容易。这意味着，针对相同的问题，我们可以将使用旧方法的过去的研究与新研究进行比较。约翰·约安尼迪斯说，结果表明，近99%的以前的"发现"都站不住脚。例如，使用了更现代的技术进行重新检测之后，在根据一个1476人的样本所得出的与儿童哮喘有关的237个基因位点中，只有1个基因位点成功重现。其背后折射出的真相虽难以置信，却无法回避：多年来，作为热门、先进的科学领域之一，基因学的研究成果几乎是完全不可信的。2018年，我参加了一个有关研究方法的研讨会，会上一位发言者回顾了他曾做过的那些研究，并感慨道："20年的基因研究一直是错误的，大量的努力付之东流。"

更令人担忧的是，那些旧方法的特征——样本小、重现难，等等，同样存在于社会科学及其他领域的研究中。虽然情况似乎在逐渐好转，但问题依然存在。约翰·约安尼迪斯和他的团队已开始调查其他研究领域，并报告称实证经济学领域存在高估效应量的问题。所谓效应量，就是指你所研究的事物能产生多大的不同。他们得出的结论是："在这些实证经济学文献所宣称的效应中，有近80%被夸大了。"然而，《科学》杂志上的一篇文章表示，大约有1/3的实证经济学研究无法重现，这一情况好于其他领域。

但是，并非所有的学科领域都会受到如此多的审查，有些领域的情况很可能好于其他领域。就目前而言，我们虽无法得知研究重现问题在某些艰深的科学领域内的严重程度，但可以衡量出人们对此的观点态度。本章开篇部分提到，《自然》杂志在2016年进行了一项针对1500名科研人员的调查，结果发现近90%的被调查者认为存在研究危机，这个调查涉及的领域包括生物、化学、物理与工程、地球与环境科学，也包括医学。

再次重申一点，大量的科学实验都是由极具责任心的科研人员以严谨的近乎苛刻的态度完成的。他们为此付出的努力是无价的。但是，就像许多美好的事物一样，整体的某些部分会不知不觉地发生腐坏。那些研究实验重现的人还没有可以登上报纸头条的发现。但他们也许向我们展示了更具价值的东西：我们在推进知识方面的许多工作其实是极具不确定性的。可以从这一点出发，开始改进。我们首先得承认，我们太过频繁地宣称自己掌握了知识，而事实却并非如此。最后一次引用丹尼尔·布尔斯廷的观点：对进步的最大威胁，不是无知，而是对已有或未知知识的错觉。

▌一条路，许多路，还是无路可走？

鉴于我们分析问题的方法极易影响最终结论，所以对于我们常常在公布某一发现之前，仅采用一条规则或一种检测方式，仅选择一个视角，如同仅选取一条路径穿过歧路花园的情形，我们必然十分震惊。

统计显著性检验，就是用于评估单个研究中证据强度的决策规则的一个例子。对于许多非统计学家而言，它究竟是什么，运算原理又是什么，的确是一个谜，这不难理解。（如果你愿意，可以直接跳过这段解释内容。）例如，假如我们想知道喝多少茶与有多少孩子之间是否存在关联，那么首先，在分析数据之前，我们先要假设二者之间是没有关系的。这被称为"虚无假设"（the null hypothesis）。一旦收集了数据，且我们认为的确找到了证据证实，如喝茶越多似乎孩子就越多，我们就会问："如果虚无假设为真，即实际上喝茶量与孩子数量之间并无联系，那么出现上述情况的可能性有多大？"如果观察到这种情况的概率低于5%（P值小于0.05，常写作P<0.05），那么在这种情况下就可以认为虚无假设是不成立的。统计显著性检验不是对某一实验结果的"真实性"的一种论证或检验，而是在已找到证据的情况下，对反面证据出现概率的一种检测。低于0.05的P值一直是许多研究人员的心之所向。统计显著性检验听上去很烦琐，但它却是统计调查的重头戏。许多不熟悉统计学的人们会惊奇地发现，统计显著性检验的支持者和批评者一直在争论不休。批评者们称之为"统计炼金术"，且打算弃用这项检验。他们反对的根本原因在于：那些可能仅仅是偶然出现的结果，一旦通过统计显著性检验得到认可，就很容易变成"发现"。当然，所有试验方法都可能被误用；至于误用是否会使检验失去权威性，就留待他人去考证吧。我承认自己对P值保有谨慎的兴趣，但依据一定的统计学知识，我也认同将其视为一次性的二元检测理论依据，似乎过分简单化了。

通往知识的单一道路通常是不够的。这听起来像是住在山顶上的神秘主义者说的话。但在研究的背景下，追随多条道路（可能的话），并确保它们都通向同一个终点，已经成为一种现实需要。这包括但不限于研究重现的需要。

例如，这种"多条路径"思想的一种表达是，我们应该致力于使研究成果"三角化"，刻意使用一些具有不同优缺点和侧重点的研究方法，如果得出的结论一致，则这些方法可以共同作用，令我们更加坚信最终结论是坚固可靠的。这可能会使科学发展的步伐减慢，成效降低，从某些方面来看成本更高。（不过这也许能够节省不少白费的力气。）但是，它所搭建起的，更可能是知识的砖瓦楼房，而非稻草大厦。

最后，关于知识之路的问题，我想引用丹尼尔·布尔斯廷的另一句名言，这句话与研究方法无关，讲的是当我们没有看到效果，没有找到模式，也没有发现的时候，换句话说，就是无路可走的时候，我们的感受如何。他写道，问题在于"人们不喜欢没有被精心装点的想象"。

我认为他是对的。"发现"既满足了专业需求，又满足了想象力的渴望。（暂且不提它们是否描述了客观现实。）我们用知识的假象来装点思维，部分原因在于我们无法忍受空空如也的思想。我认为，诗人约翰·济慈所写的"消极能力就是一个人能够身处含糊不定和神秘疑问之中"，其意思是消极能力能够压抑欲望。

济慈认为，消极能力是一种艺术美德。我倒认为，它也是一种科学美德。这种能力使人能够在面对知识的隐晦线索时，抵御住想要迫切掌握真理的诱惑。

消极能力与另一种能力不谋而合，即能够抑制住"急于下结论的急躁情绪"的能力。对此，再引用另一句名言，这句名言出自作家古斯塔夫·福楼拜。他说："想要迫切下结论的急躁情绪是降临在人类身上的最致命、最徒劳的疯狂之一。"

美国数据可视化的权威人物——爱德华·塔夫特表示，在研究背景下，这种急于下结论的急躁情绪会导致"对因果关系的不成熟的、过于简单的、错误的推论。好的统计分析应旨在平复急于下结论的急躁情绪……"

我们都想学富五车，没人想做无知之人。但这种对知识的渴望可能会带来错误的知识，并最终造成伤害，我们对此应多一份敬畏之心。培养消极能力，平复急躁情绪，不急于下结论，或许能对我们有所帮助。至少，这样做可以表达我们对这个错综复杂、绚烂多彩的世界的尊重。

5. 原则其实不实用

大思想与小细节

熟识细微之处比掌握抽象准则更能使我们变得睿智博学，无论这些准则有多深奥。

威廉·詹姆斯

《宗教经验之种种》，作于 1902 年

到目前为止，我们一直在关注细微的、低级别的细节的影响力。但是有一种知识，却需要刻意忽略这些细微因素的影响。相反，它旨在建立起一种基础框架。我们将这些知识框架称为"定理""模型"或"一般原理"。它们不考虑现实生活中每个具体场景的特殊情况，只是提炼出一些高级的抽象概念来揭示——我们希望如此——普适的基本原理、模式和关系。

假如你从高楼上扔下一张 5 美元的钞票，随后，风又将它吹向了高空，这一现象看似违背了牛顿的万有引力定律，但并不会影响该定律的权威性。这里的情境不符合"万有引力"的定义。我们仍可欣慰地说，牛顿的理论揭示出了世界的一个真理，而天气因素可忽略不计。尽管爱因斯坦的狭义相对论后来证实了牛顿的万有引力定律是错误的，但我们依然乐于运用牛顿的理论，因为它可以适用于大多数的场合，且绝对足够有用了。

问题是，理论或一般原理对我们的指导作用究竟如何呢？对此，借用威廉·詹姆斯的说法，这些抽象准则中有多少能像牛顿的理论那样使我们相信它们会普适，

而它们实际上又能有几分用处呢？或者，如果它们在实用性上也遇到了暗知识障碍呢？

理论和实践之间的争论由来已久。但近年来，某些领域发生了一种明显的转变，即反对普遍原理，转而支持一种更低层次的、更关注细节的实用主义。例如，在经济发展领域，你会发现，人们不再关注"经济援助是对是错"这样的大问题，反倒更关心最日常的实用问题，如纠正教科书中的错误用语之类等。麻省理工学院（MIT）的埃斯特·迪弗洛写过一篇关于贫困国家经济发展的论文，题为《经济学家当是水管工》。她在文中写道："我们（经济学家们）最担心的一些理论问题也许没那么要紧，"而"那些我们认为相对没那么重要的细节问题，实际上，却会对某项政策或法规的最终实效产生重大影响。"她呼吁我们彻底转变一味强调普适性原理的做法。

在本章中，我们将听到各种针对定理、一般原理及其他抽象准则的反对之声。这些质疑观点都将表明，更低层次的、更具体的实用知识是这些高层次定律的暗知识，它们拥有重新自我定义的潜力，因而它们将挑战"什么是真正的基础"这一概念。

▌受害者、恶棍 VS 看似无关的细节

1980 年，西德的摩托车盗窃案数量达到了创纪录的每年 15 万起。正如汤姆·加什在他的《罪犯：人们为什么做坏事的真相》一书中写的那样："有些事情变了。"这是一种保守的说法。他还写道："从 1980 年到 1983 年期间，摩托车盗窃案的数量下降了 1/4，并且下降速度仍在增加，在接下来的 3 年里，这一数据又减少了 50%。到了 1986 年，年被盗车辆只有 54000 辆——仅为 6 年前的 1/3。"

这是一个巨大的变化。假如这一数据不减反增，在 6 年里增长 2 倍，那么随之而来的政治后果可想而知。那么，盗窃率下降的原因究竟是什么呢？摩托车很容易通过点火器电线短路的方法被盗走，销赃的黑市也依然存在，摩托车总量也几乎与

过去持平。

要解答引起犯罪率升降的原因，我们倾向于从两种主要的对立观点中二选一，二者都基于人类行为准则。这两种观点是有关犯罪原因和解决方法的争论中的核心观点。

第一种观点认为，犯罪是坏人的所作所为——最好通过惩治和威慑来解决道德沦丧的问题，警察应该站在执法最前线。汤姆·加什称之为"英雄与恶棍"的观点。按照这一观点，针对摩托车盗窃犯实施更严厉的处罚或增派更多坚决执法的警察，将很可能降低摩托车盗窃率。

第二种观点则认为，犯罪源于社会因素——例如，在艰苦环境中成长或生活前景堪忧。这种生活背景会驱使那些不太走运的人铤而走险。按照这种观点，我们应该消除犯罪的社会根源。汤姆·加什称之为"受害者与幸存者"的观点。按照这一观点，摩托车盗窃率的降低很可能是由于失业率降低，或者是有人向窃贼伸出援手，帮助他们把对摩托车的兴趣转移到更有建设性的用途上，也许是让他们从学徒做起，接受培训，从而获得一份体面的工作，等等，诸如此类。

无论是观看犯罪类电视节目，读新闻，还是听政客演说，我们都能看到这两个阵营的人们旗帜鲜明地站在对立面。他们各自的观点都条理清晰，逻辑完整。汤姆·加什制作了一张表格，分别列出了双方的犯罪观，如表 5-1 所示。问题是：在这些理论性的世界观中，哪一个最能解释西德摩托车盗窃率降低的原因呢？

据汤姆·加什所说，真正的原因既与英雄和恶棍无关，也与受害者和幸存者无关，而是安全帽。当时出台了新的法规，要求骑摩托车必须佩戴安全帽，否则就会被警察拦下。

如果你的答案是道德因素或社会因素，我猜你这时正极力辩解以证明自己是对的。但是，你错了。安全帽与这两方面因素都无关。要想知道原因，你可以像汤姆·加什一样，先想一想如果答案真的与道德或社会因素有关，那么这些因素是如何起作用的呢？

如果引发摩托车盗窃的原因是毫无希望的凄惨的成长经历，是这种经历驱使人们去盗窃，那么在尝试盗窃摩托车失败之后，难道他们不会转而去盗窃汽车等其他东西吗？然而，其他盗窃犯罪率并未因此上升。无论是什么样的社会因素，都不及一顶安全帽所带来的影响。

表 5-1 两种不同的犯罪观

	英雄与恶棍	受害者与幸存者
典型代表	《摩斯探长》《犯罪现场调查》《神探夏洛克》《超人》	《火线》《教父》《萌芽》《罗宾汉》
人性观	本真的，很少会改变的	会受到社会结构和个人经历的巨大影响
社会观	本质上是好的——需要被维护	本质上是不公的——需要改革
犯罪观	通常是自由选择的结果	通常是被选择的结果
对罪犯的看法	受贪欲和私欲的驱使——我们不同	为生存环境所迫——与我们很相似
对刑事司法体系的看法	维护社会秩序的必要工具，但有时打击力度不够	社会改革的一帖狗皮膏药，专为权贵服务
道德观	非黑即白	灰色

你也不能说，证据表明盗贼仅仅是由于心生歹意而去偷摩托车。如果真的有邪念，那么随身戴一顶安全帽也不是什么难事。假如他们真的担心被抓，那么这一方面的风险可以轻易规避。谁知道盗贼会这么怕麻烦呢？

那些认为原因在于"减少作案机会"的人，多少会有些沾沾自喜，因为这看上去极有可能就是正确答案。但是，除非他们为此制定了相关政策，否则这还不够。你如何才能精准地减少这种机会呢？我的观点是：如果让我来解决摩托车失窃的问题，我绝对不相信自己能想到"安全帽"。如果我想到了这一点，然后说服一位政府部长宣称这就是一项新的反犯罪行动的基石，那么我们都可以猜到，这将给这位部长的政治生涯带来怎样的影响。

不过，我们似乎的确了解到了一些有用的信息。我们知道减少作案机会可对犯罪产生巨大影响。从某种程度上来说，这是一条可泛化的知识，尤其是"减少作案机会"这一主张在其他国家如英国和美国也奏效了：安全帽法在其他情境中也起到了类似效果。这在最初立法时，倒是人们未曾预料到的。

但这条知识也存在局限性。这个犯罪机会理论的确具有普遍性，但它并未提出一个普适的解决方案；它对应的是多种多样的解决方案，其中许多都是一次性的。减少犯罪机会并不是一件事。在不同的情境中，有许多不同的方法来减少不同类型犯罪的犯罪机会。如果你坐在电脑前，期盼着自己能免受网络诈骗之苦，只是因为你或诈骗犯戴了安全帽，那就只能祝你好运了。相比之下，处罚来得更直截了当。如果你相信处罚有效，那么你很可能会希望处罚能更严厉一些，仅此而已。如果加大处罚力度能解决犯罪问题，那么推广这一做法也并非难事。减少犯罪机会则是另一个复杂的问题。

在本章的开篇部分中，我们曾问道，理论或一般原理对我们的指导作用究竟如何呢？事实证明，在此例中，基于道德因素或社会因素的原理都不能很好地解释现象产生的原因，相比之下，反倒是起初看似与犯罪毫无关系的一个偶然因素——安全帽，为我们解开了谜团。不过，我们由此又得出了一个不同的理论——犯罪机会理论——它让我们意识到，基于特定的实际情况，还可以采取多种不同的解决方法。一旦我们穿过其他高层次原理的迷雾，就能看清那些颠覆性细节的样貌，"安全帽"就是一个很好的例子。

我们也许会辩称，若有机会，更多严厉的处罚措施或有力的社会改革同样可以打击犯罪。但是，太过于执着于这些一般原理会阻碍我们采取更有效的潜在方法。换言之，一般原理会令我们一叶障目。

▌非同相性

我们正在讨论的问题是，原理或理论能给我们提供多少有用的知识。认为社会科学在这方面表现尤为差劲的抱怨之声由来已久。社会科学知识库的效用饱受质疑，而质疑者正是其下属各类学科的研究人员。批评声包括：一位经济学家表示经济学"不遗余力地鼓吹深奥难懂的枝节问题"，另一种观点认为管理理论中充斥着"模糊的概念、行话和时髦用语"，认为市场营销的知识库"并非基石，而是沼

141

泽"；有一本书将社会科学贬为"巫术"，另一本书则说"但凡比鸡毛蒜皮的琐事深奥一点或不同于常识的事物，社会科学都不知道或无法预测"；还有人说"社会科学这位皇帝什么衣服也没穿"。批评声始终不绝于耳。有一个反复出现的质疑声与我们尤为相关，即认为社会科学领域缺少可普适的实证知识——"所谓的实证文献，几乎完全是由未经证实的、易被推翻的结论所组成，这极易动摇知识进一步发展的根基"。这些是有关社会科学的负面声音。当然也有值得肯定的方面。例如，你可以列举出一大批维多利亚时期的社会改革家，如查尔斯·布斯、埃德温·查德威克和约瑟夫·朗特里。他们是社会学领域的先锋，通过观察、研究生活和工作环境，记录下了人们贫穷的状况、恶劣的居住条件及其他社会情况，开辟出了一个社会改革的新时代。

社会学家、微软公司现任首席研究员邓肯·沃茨以前是一位学者。他之前就听到过上述批判的声音，但他想知道，是否已经到了更严肃对待这些质疑声的时候。一方面，面对那些质疑社会科学无法解决社会最深层问题的诋毁者，他要坚决为社会科学辩护。邓肯说，社会科学所要解决的问题极其复杂，答案难寻并非是由于懒惰或愚蠢造成的。另一方面，正如他在一篇颇具影响的文章中所写的那样，社会科学可以"对世界有更多明显的用处"。

在接受我的一次采访时，邓肯举了一个社会科学派不上用场的例子，那是发生在他的现任老板、微软公司的首席执行官司——萨提亚·纳德拉（Satya Nadella）身上的一件事。邓肯说，当萨提亚·纳德拉决定进行企业重组时，他发现社会学在这方面有诸多理论，但几乎没有一条是有用的。

我们在管理学和组织学方面的文献浩如烟海，最早的也许能追溯到100年前。在这些学科领域内发表的论文不计其数。以至于你可能会认为，如果要做这样的事（重组微软公司），你会想要去读一门叫作"组织学"的学科。毋庸置疑，组织学会教你如何使重组更高效。

但是，你错了。假如萨提亚·纳德拉跑去读了数百篇这一领域内的论文，他很可能学不到任何有助于解决难题的知识，反倒会困惑不已，最后完全不知所措。

所以，萨提亚没有试图这么做（查找文献），实际上还是一件幸事。但这对于组织学而言，却绝非好事。为何我们没有试图去回答那些问题呢？因为如果我们没有这么做，那我们现在又是在干什么呢？

萨提亚没有读任何文献反倒是"一件幸事"，这相当于宣称社会科学比无用更糟糕。至少在商业媒体的眼中，萨提亚·纳德拉对微软公司的重组可以被誉为"旷世之变，重振企业"的典范。他不可能比整个组织学的研究人员更了解企业重组，但也许他对微软公司当前存在的问题有一些了解，也许正是这些细微的了解，起到了更重要的作用。

想象一下，假如微软公司的首席执行官考虑着手进行一次企业重组，便找来了他的首席社会学顾问，想让他提供一些社会学方面的暑期读物，结果却被告知，还不如找一本斯蒂芬·金的小说来读一读。组织学竟无法提供任何可以指导萨提亚·纳德拉的一般原理，这简直难以置信。正如邓肯·沃茨所言，问题在于组织学提供了太多错误的原理，无数相互矛盾的抽象原理交织在一起，令人着实难以理解。他在写于 2015 年的一篇文章中指出："在过去的百年中，社会科学创造了大量有关人类个体和集体行为的理论，涉及范围之广已远远超过了组织学的范畴。然而，在调和无数相互矛盾的理论方面，社会科学却没那么成功"。

邓肯对我说："我将其称为'非同相性问题'。"这一说法有些讽刺意味，你可能会为整个社会科学领域感到遗憾。他还将这一问题部分归咎于，人们一直过分强调要在专家利基群体内部发展理论——每种理论都运用其独特的术语，而疏于为实际问题寻找解决方法。他说："正如一种观点所言，世界有问题，大学有科系。"

即使在专家利基群体内部，也很少能达成一致。邓肯写道："社会学的问题并非一事一理，而是一事多理，对于同一个事物有多种不同理论。更糟的是，虽然这些理论单独来看都是既有趣又合理，但若放在一起考量，就会存在根本性的矛盾。"

我在本书第 2 章的"性格是稳定的，但并非永远如此"一节中提到了一些自相矛盾的格言——"三思而后行"，但"当断不断，必受其乱"。同样地，定理也常常自相矛盾。在大众层面上，既有集体智慧，也有群体疯狂（趋同思维）；冲动判断既有价值，也有风险（卡尼曼的"系统1"思维）。

不得不说，社会科学绝不仅仅是一本手册。邓肯·沃茨说，它帮助我们"挑战有关社会现实本质的常识性假设，提供有关现实经验的丰富描述，激发人们用新方法思考人类行为，为解答具体的实证难题提供线索——它虽不能直接解决实际问题，但仍可以提供有价值的洞见"。很显然，他的目的不是要抹杀这些努力——无论如何，有些人已经致力于解决实际问题了，尤其是在与政策相关的领域，如教育、医疗或脱贫。但是，他希望看到我们的关注点向可以利用的知识转移。这一点我们外行人很难反对。

机械思维

在本章的开篇部分，我们简要地听取了麻省理工学院的经济学家埃斯特·迪弗洛的观点。她认为，极易被忽略的细节往往特别重要，而我们颇为重视的理论性问题却常常无关紧要。

在饱受赞誉的《贫穷的本质》一书中，同样来自麻省理工学院的阿比吉特·班纳吉和埃斯特·迪弗洛将矛头指向了发展经济学中的一些抽象准则："要为穷人提供自由市场""让人权落到实处""先解决冲突""给最穷困的人更多的钱""外国援助会扼杀发展"。"在反贫困政策的领域内，散落着短期有效的政策碎片，事实证明，这些政策效果只是昙花一现，算不上奇迹""这么多昨日的灵丹妙药都沦为了今日的狗皮膏药"。他们说，这些准则简单明了，支持者们选择性地将一些奇闻轶事当成佐证，但这些准则的成效却远不如预期的那样。

针对这些准则的失效，有一种回应称，我们应不再试图解答发展中国家应该怎么做的问题，因为我们不知道怎样做才能规避造成伤害的风险，而我们的首要准则应当是不造成伤害。作者的回应则更有趣——至少在我们看来是这样的。他们说："专注干好水管工的事就够了（关注现实的、低层次的、当地的生活细节）我们应当摒弃将穷人弱化成卡通人物的陋习，花时间去真正了解他们丰富多彩而又复杂难解的生活"。他们提倡"彻底转变视角，要求我们不再专注于寻求普适的答案，而是走出办公室，更仔细地看看这个世界"。

你自然就会看到，穷人也有他们自己的故事。班纳吉他们讲述了上特拉玛的故事。她是一位6个孩子的母亲，寡居在印度的一个小村庄里。她的孩子们并没有都去上学。但这既不是由于他们那里没有学校，也不是由于上特拉玛迫于经济压力不得不让孩子们去工作；既不是因为学费太贵，也不是因为当地对劳动者的受教育程度没有要求。那么阻止他们上学的原因究竟是什么呢？阿比吉特和埃斯特经过分析，认为这一现象是由多种因素共同造成的，包括教师的积极性、在家中只选择一个孩子进行投资的习俗、同一个家庭内对其他孩子的投入只能获得更少回报的固有观念、课程设置的合理性，甚至是课本的语言，等等。这个问题是多方面的，所以涉及的细节更加微妙。但没有一处细节似乎是可以通过聚焦"援助是对是错"这样的大问题而解决的。

阿比吉特·班纳吉以同样的观点写过一篇文章。他在文中谈到了一种思维习惯，他称之为"机器模式"。"机器模式"是指太过于相信某个抽象观点的重要性，而忽略了"无趣的"细节。他说，在"机器模式"下，人们会想要找到一个启动机器的按钮。用埃斯特·迪弗洛的话说，就是找到世界运转的根本原因。以发展中国家的教育为例，阿比吉特列举了此例中的一些"按钮"。

经济学家谈风险分散、激励机制、教育券和竞争机制。教育专家谈教育学。政府官员似乎笃信教师培训。无论我们认为正确的方法是什么，只要我们正确运用，就一定会大获成功。

他认为，这些按钮将方法实施过程中的细节当作事后再考虑的因素，但实际上这些细节往往是决定成败的关键。至于有些人为何对这些按钮如此情有独钟，阿比吉特是这样解释的："原因在于，这些按钮省去了我们走上前检查机器的麻烦。只要假定机器要么可以自行运转，要么根本无法运转，我们就无须上前去查看轮子在哪里被卡住了，也无须去费力思考做什么样的微调能使机器正常运转。"

我承认自己乐于看到人们对定理、模式和一般原理展开辩论，这有助于激发我们的思维。但倘若认为这些抽象准则可以直击日常生活的要害，那无疑是混淆了观念和现象之间的区别。我们必须提醒自己：这些是抽象概念，并非具体事物。"援助是对是错"这样的问题，听起来就像试图在 3 万英尺的高空解决一个非常实际的、具体的、有地方差异的细节问题，而这种问题也许只有通过近距离的观察，对具体情况进行具体分析，才能解决。我们都执着于这类高层次的解决方法，所以假如暗知识现实问题令我们看上去像是高尚的智力障碍者，倒也没什么好奇怪的了。

这两位发展经济学家被描述为对原理过敏。相反，他们感兴趣的是更微观的思想、解决困难的实际问题、少做假设及可以验证一切的严格的实证主义。如你所料，并非所有人都赞同他们的研究方法或结论。我认为他们的观点中最值得称赞的是，对我们可能获取的知识保持谦逊态度。我想说的是，真实的物质世界对我们的抽象理论来说，就是暗知识。

不过，我们应该谨慎一点。迪弗洛和班纳吉的彻底转变视角、关注最根本的低层次问题的观点，也受到了一些经济学家的批评。这些批评者认为，事实上，更普适的、高层次的经济原理也是深深植根于我们对现实世界的观察的——也是基于数据，而且是大量的数据之上的。这些经济学家声称，他们与埃斯特·迪弗洛和阿比吉特·班纳吉一样务实，只不过他们研究的范围更广。他们说在这一范围内的证据可能是结论性的。举个例子，在这些人中还有几位诺贝尔经济学奖得主，他们共同将矛头对准了被他们称为"援助效应热"的现象，就是指适用于小范围的、经过实验验证的解决方案。他们辩称"这会缩小我们的关注点"，使我们忽略了"系统层面的思考"，而这种思考对于解决重大且真正根本性的问题是必不可少的，如跨国公司的势力、气候变化或社会不公。他们表示，我们往往的确知道如何从政策高度来解决这些问题，而纠正教科书中的语言，无助于我们解决那些削减 30% 教育预算或最初引发地区性贫困的系统性问题。

因此，关于哪一种才是真正值得关注和付诸努力的基础性思想，人们依然激烈地争论。基础性思想究竟是存在于高层次的政策领域，适用于解决启动机器的问题，还是存在于各地实施具体措施的过程中，适用于解决机器内部的问题呢？

显然，这两种问题我们都可以尝试着去解决。但在我看来，最终，所有层面的思想似乎都需要面对所谓的"地面的真相"。它们必须要能够应付那些难办的现实问题。我仍然看不出我们如何能逃开这个最终的低级测试——即我们是否真的了解自己声称了解的事物。例如，如果我们必须解决气候变化的问题，那么我完全赞成。但是怎么解决呢？在不同情况下，使用什么样的技术原理、社会机制和政策方针呢？用什么样的资源来调动政治力量？用什么样的论证来解释不同的观点？具体怎么做？我们需要给这些高层次的答案补充充足的地方土壤，这需要通过不懈努力和探索，还可能需要因地制宜。在这里行得通的方法，换个地方也许就无法奏效了。同理，认为我们必须削减跨国公司势力的想法可能是对的，但这么做也会引发各个领域内的政治和经济混战，上至世界各国的政坛，下到各地工厂门前的求职队伍。没错，如果我们能解决这个问题，那再好不过，当然我们也应该尽力一试。但阻碍我们进步的，会不会是那些出乎我们预料、无聊的细节呢？

定理无法解释一切

定理或任何其他抽象的准则或原理永远承受着一份压力，那就是如何与许多真实事例联系起来，既不能太过模糊或抽象以至于派不上用场，又不能受特定场景下限制条件的约束以至于失去了一致性。

1984 年，罗伯特·西奥迪尼写了一本书，名为《影响：说服的心理学》。他在书中提出了一个著名的观点，其原理很简单——人会受到其他人的影响。我们倾向于随大流，尤其是当我们不确定的时候，我们会从他人那里寻求线索以做出正确的或最佳的决定。西奥迪尼称之为"影响力武器"。书中记述了一项如今已成为经典的实验，即假如有一些人故意仰望天空，那么路人也会这么做。也许我们并不需要一条定理来告诉我们这一点，但的确存在这样的一条定理，它被称为"社会认同理论"。罗伯特·西奥迪尼将那一章命名为"我们即真理"。

事实的确如此。这条真理常常能奏效。社会认同在心理学上是一个固定的概念。每当你进入一家酒店，浴室内的卡片会告诉你，人们重复使用毛巾是为了避免不必要的清洗工作。你之所以会屈从于社会认同的心理，是希望自己这么做是出于被劝导与其他人保持行为一致，而不仅仅是服从酒店管理部门的一个要求。罗伯特·西奥迪尼说，为电视喜剧节目提前录制的笑声也是同样的道理。当听见其他人笑时，你就会跟着笑（制片人是这么希望的）。

最近就发生了一个试图将理论运用于实践的实例——英国的政府顾问们试图利用社会认同理论，说服更多人登记器官捐献，在死后捐献器官用于器官移植。任何一根充满希望的理论稻草，政府都会将其握在手中，假如它正好与其他政治目的相契合，那就更是如此了。明智的是，行为洞察团队——也被称为"助推小组"——并没有这么做。相反，他们进行了一项实验，测试了蕴含这条理论的信息对他人的影响。

器官捐献运动的目标群体，是上政府网站更新驾照的人。助推小组选择了3条包含社会认同理论的信息。他们给一些人展示其中1条，大意是："许多人都同意在死后捐献器官，也许你也想这么做。"而对其他人，他们则分别展示不同的信息，如大意是："请同意捐献。"或者大意是："有一天你也可能需要接受器官移植，为什么不帮帮别人呢？"这项实验持续了5周，每条信息都有10余万人浏览。

全部3条包含社会认同理论的信息都不如最佳替换方案有效，这个替换方案就是基于最简单的互惠原理："如果你需要接受器官捐赠，你会得到所需器官吗？如果会，请帮助他人。"在3条包含社会认同的信息中，有1条还附上了图片（在过往试验中，附上图片通常能增加访问者的回应），结果这条信息却是他们尝试的全部8种展示方式中最不成功的一种。

作家兼播音员蒂姆·哈福德令我注意到了这个例子。蒂姆对行为经济学有一定的了解，也对该领域十分感兴趣。他称社会认同理论时而有效，时而无效的现象是"令人不安的"，并写道："社会认同在心理学上是一个被广泛接受的观点，但正如器官捐献实验的结果所示，它并非总能适用，且难以预测它何时适用，为何适用。

这些时而无效的心理学研究成果组合在一起，虽不至于撼动整个领域的权威性，但却增加了制定切实可行政策的复杂性。"

我们如何知道是否该运用这个理论？它究竟是有益的还是有害的？这些不确定性肯定了行为洞察团队采取实验方法的价值。他们先是选定一条定理，将其设计成一项实验，再看看会发生什么。如果它在某个特定情境中有效，那么很好，定理奏效。反之，则停止实验。正如这个团队在回顾整个器官捐献实验时所说的那样，实验的方法是非常重要的："这些结果不仅有助于我们了解人们注册器官捐献的动机究竟是什么，还告诉我们应该如何验证行为科学理论的效用，以提高其他领域的政策水平。"

虽然并非所有理论都可以用实验的方法来验证，但如果可以，在有限情境下进行的定理实验，是可以有力地表明：要么该定理在此时此地有效，要么它无法普适。这样做要么扩展了该定理的有效范围，要么暴露出了它的局限性。无论怎样，我们都会有所收获。但我们必须找出这个答案，而这个过程一定是极为务实的，容不得任何前提假设。

蒂姆·哈福德表示，难点在于，我们既要完善某一定理，同时"又不使其陷入一堆特殊事例的泥潭"。这令我想起了所有理论都必须面对的那个终极挑战——既要保持普适性，又要细化以应对更多细节问题。我们必然失去一样：要么是理论的一致性，要么是它在具体事例中的效力。行为经济学的泰斗之一——理查德·泰勒曾说："假如你想要一个统一的经济行为理论，那么新古典主义模型就是不二选择，但是它并不能很好地描述现实决策的制定过程。"

这是一种不幸但又无法避免的权衡：拥有统一性往往就会失去实践性；或者拥有独特性，也许对部分有帮助，但又会出现碎片化或混乱的情况。在一个丁卯分明的世界里，这两方面不会存在矛盾。但在一个杂乱无章的世界里，我们就不得不接受这两方面各自的局限性。本书旨在表明，这种矛盾会对理论产生超乎我们预期的反作用。

蒂姆·哈福德指出，现实的问题在于，如何知道某个理论在下一个事例中是否能发挥作用。简而言之，我们不知道。我们决定是否运用某个理论，几乎就如同在下赌注，充其量是掌握了一点理论知识的赌注。下赌注的关键点在于，记住我们是在打赌，我们可能一无所获。并非由于赌注是建立在理论基础之上，我们就是在践行严谨的科学了。

理论遭到了猛烈的抨击。在我们认为它与实际问题不相关并忽略它之前，还有一个难题：我们往往别无选择，不得不依靠它。如果我们对于引发现象的潜在机制缺乏一定的认识，那我们就更不能确定它们是否能普适了。理论就是我们试图识别那些机制并解释它们是如何共同作用以产生诱因的。如果我们不知道为什么婴儿死亡率或犯罪率会降低，那我们如何指望在其他地方也会发生这种情况或是维持这种情况呢？即便是埃斯特·迪弗洛和阿比吉特·班纳吉的地方实用主义，也在寻找一套机制，无论这套机制有多么微妙复杂。事实上，如果在研究某个问题时，缺少相应的理论告诉我们研究的是什么，如何拼凑证据，以及为何该理论能够解答我们的问题，那么我们甚至根本无法开展研究工作。例如，要想知道为什么婆婆会起到关键作用，你就需要了解孟加拉国的家庭关系理论。无论我们是否意识到，探究行为本身也是由理论所塑造的。即使我们完全拒绝一般性的理论，但到最后，取而代之的会是大量的小范围适用的局部理论。在这一观点上，人们并未全然否定抽象准则；他们只是担心这些准则是否能应对各不相同的、日常的偶发事件。

回想一下本书第3章的"即使当时是正确的，也并非真的正确"一节提到的内部效度和外部效度的概念，二者区分了在某种情境中有效的观点和推广到其他情境中依然有效的观点。在抽象准则的框架内也存在这样一个地方，被称为"分析效度"。当某个抽象的准则可以适用于实际的现实问题时，它就是具有分析效度的。事实证明，这个目标极难达成，既必要又难以实现。我们试图找出社会领域和经济领域的运行机制，但它们都将各自的秘密隐藏得很好，且往往都藏在大量的神秘细节之中。所以，理论及其他一般原理常常是不可靠的。它们相互矛盾，不稳定，缺少预测能力，根本不切实际，但我们别无选择，只能追随它们。

这些困难表明，要想找出答案，必须将理论和实践紧密结合——用埃斯特·迪弗洛的话说，就是必须去干干当地水管工的工作——这往往是最理想的状态。她的言外之意是，在数据、实地的实践实验（可能的话）、即兴的假设、对方法的反思之间应该存在一场永恒的对话，我们应该通过实验和犯错来不断重新审视这些，而且尽管我们极其努力，但依然会失败。总之，不是说社会学家不好——他们中的许多人的确非常优秀——只是说，想得到可行的社会学理论，与要运用该理论所研究的难题一样难。千头万绪的生活，绝不会让我们轻易看清它的面貌，我们应当拭目以待。

6. 宏观微观大不同

概率的潜在局限性

长久以来，我的一个座右铭一直是：细节永远是最重要的。

夏洛克·福尔摩斯

《身份案》，阿瑟·柯南·道尔作于 1891 年

针对本书中的观点，有一种回应认为，虽然秩序和规律并非永远有效，但这反倒能击垮一个稻草人。这种回应忽略了一个明显的事实：规律当然不可能永远有效。在我们拥有的知识中，有很大一部分都并非能完美适用于所有场合，只能说是一种概率。例如，假如我们生病了，就会服用处方药，这并不能确保我们一定会好起来，但相较于什么也不做，这更有可能帮助我们缓解病情。知识的效用虽是概率性的，但却是真实有效的。

这个答案并不能解决所有神秘变量的问题。用概率无法解释大理石纹螯虾身上发生的无形变异。但在某些情况下，它能够解释一些问题，或者至少看上去如此。

我认为，用概率能解释的情形并不如我们想象的那么多。实际上，即使我们对知识产生效用的概率十分有把握，但在许多实际用途上，我们却依然完全无知。

我并不是说概率永远没用。相反，我是个概率迷，概率所揭示的规律的范围和影响对我有着难以抗拒的吸引力。在某些情况下，我会第一个站出来说，这些概率就是我们所能得出的全部。但正是出于这种兴趣，我才要说，虽然有些概率的确有至关重要的作用，但我们却夸大了许多其他概率的实际意义，并且我们不善于区分

那些真正重要的概率和其他不太重要的概率。通常，我们只是掩盖了它们令我们显得无知的真相，掩盖了它们只描述了极少效应的事实。它们给我们提供的知识之所以不如我们想象得多，原因就在于，对于概率来说，也存在着一个混乱的、暗知识。

▌两种层面的生活

要了解这一点，先要考虑层面问题。概率知识是从许多足够相似的事物的重复实验中总结得出的。例如，通过观测在一大群人中某种疾病的模式，我们可以确认风险（造成伤害的概率）。也许我们会发现，在大量人口中，其他条件相同的情况下，多吃培根的人比不吃培根的人患结直肠癌的概率更高。我称概率为"宏观"知识，因为我们是从宏观层面——也许是从整个人口层面——观测出它们的，并且在这个层面上，我们可以确定它们是真实有效的。

但随即我们就会发现，在每个个体的微观层面上存在着问题：培根会使某些人患结直肠癌，但那个人会是我吗？于是，第一个问题产生了：即使同时面对同一件事物，在宏观层面确定的概率与微观层面的无知是并存的。

当然，你可能会说：概率就是对一切事物出现比率的描述。它所揭示的，是我们每个人所面临的风险有多大。

真要那么简单就好了。实际上，被我们滥用的概率，它们对你我的作用，更可能是掩盖而非揭示真相。

我们可以借用苏珊娜·木沙特·琼斯的例子，来看看概率是如何欺骗我们的。苏珊娜（1899 年 7 月 6 日—2016 年 5 月 12 日）出生在美国的亚拉巴马州。她曾是世界上最长寿的女性，活了将近 117 岁。她一度是生于 19 世纪且依然健在的仅有的两位高龄老人之一。她见证了两次世界大战和大萧条，本来还能亲眼见证人类第一次登月（1969 年），但那时她已经退休很久了。

她从不吸烟饮酒，也很少吃药，睡眠良好，这些都不足为奇。但她却有一个习惯，有些人可能会认为是明显的生活陋习：她每天早餐都要吃 4 片培根，偶尔在白天也会大快朵颐。

对于这种食用培根的饮食习惯，人们只有一条健康建议：不要这么吃。按照世界卫生组织（WHO）的说法，毫无疑问，食用培根和吸烟一样会致癌。这不是说二者对健康的伤害程度是一样的，而是说世界卫生组织对二者都会有损健康的说法抱有同样的信心。如果想长寿，不要每天吃 4 块培根。

描述这类风险的一种标准说法是，每天吃 3 块培根将使你患上结直肠癌的风险概率增加约 20%。吃得越多，相对风险就越大。媒体、研究界、政客及其他各方就是常用这种方式来表述各类风险的。听上去似乎我们将风险量化了，而且量化的结果并不乐观。但我们真的正确量化了风险吗？对于你、我或其他任何个体来说，风险究竟有多少呢？ 20% 的概率对于某个个体来说又意味着什么？

假设有两个实验组，每组各 100 人。第一组全是培根发烧友，他们几乎与苏珊娜一样，每天都会吃 3 块培根，我们将这一组称为高危组。另一组的 100 人则饮食正常，我们将这一组称为正常对照组。在正常对照组中，按照一般概率，大约会有 5 人患上结直肠癌。而在高危组，这一数字会上升至 6 人。这就是患病风险增加 20% 的意思。20% 意味着，即使高危组的所有 100 人每天都吃大量的培根，每 100 人中也只会多 1 人患病。

瞬间，这种风险看上去就没那么可怕了。如今再看苏珊娜，即使吃那么多培根也依然健康，好像也不足为奇了。事实上，按照这种说法，世界上的"苏珊娜们"如果都出现健康问题，那倒是极不寻常的了。所以，类似在一个组中结直肠癌患癌率提高 20% 这样的一般性的宏观真理，会存在的第一个问题是，一旦你将概率转换为实际的人数，看起来强大的知识就会缩水。换种方式来表述那些数字就是，在正常对照组的 100 人中，有 95 人不会患病，在高危组，则是 94 人。如此一来，在高危和低危之间明显的、巨大的概率差，听上去就更微不足道了……这种情况并不罕见。

同样，在 2017 年，有一则报道称止痛药布洛芬会使罹患心脏病的风险增加 30%。于是我花了一些时间，试图调查出发生了多少起相关的心脏病案例，就是为了计算出这 30% 意味着患心脏病的人数或心脏病发病次数究竟是多少。调查过程并不简单。这项研究在许多方面都很严谨，但反映这一概率知识的基础数据却并未出现在新闻报道、新闻稿或该项研究的论文中，甚至从其他来源也很难获取相关数据。从报道的标题来看，我们似乎取得了重大发现。但从个人层面来说，事实真的如此吗？我确信，没有人使这个概率知识对人类产生了实际意义。就这一点而言，这个知识所包含的信息量与一声尖叫并没有什么区别。

从一篇（有关丹麦的心脏病数据的）论文的有限数据中，我们可以大致推测出整个人口的情况，并可以得出非常粗略的数据，即在 50 岁以上的人中，平均每年每 800 人中会有 1 例心脏病案例。如果按照 30 天的研究期来重新计算，则在 50 岁以上的人中，每 30 天近 10000 人中会有 1 例心脏病案例。照此推算下来，最终我们可以粗略地计算出增长 30% 对于一个更大的人口基数意味着什么。它意味着基于以上数据，如果所有 50 岁以上的人都连续服用可疑止痛药一个月，那么心脏病患病率将从万分之一提高到万分之一点三，或者说大约每 32000 人中会多 1 人患病。

如果这一结论为真，那么在 32000 名 50 岁以上的人中，有 31999 人即使心脏病患病率从低危转变成高危，但却依然不会患病。在此例中，一旦用简单的人数或所谓的自然频率来表述，这大致就是患病概率增长 30% 所带来的差别。这类宣称"增长 30%"的概率知识会令我们坐立难安，茫然无措。但问题并非在于它们是一座稻草大厦——它们反倒足够坚固，而是在于对绝大多数人来说，它们是一座毫不相干的大厦。

我们需要增设一些限制条件。例如，年龄越大，基线风险越高，这样 30% 的增长就会产生更大的差异。再次重申，我们需要谨慎建立可靠的基线数据。所以我们假设，风险是最初估值的 2 倍。然后经计算可得：在 16000 人连续服用止痛药 1 个月之后，大约会多 1 人患病，而其余 15999 人虽成了高危人群，但并不会受到任何影响。我们可能依然会想，这是否真实反映了"增长 30%"所带来的焦虑。

这就引出了有关概率的第二个问题：它对于我们的预测能力有何意义呢？因为，假如我们想在 32000 名成为高危群体的人中找到增加的那 1 位患者，或者在 16000 人中找到患病的那 1 位，很显然，我们根本毫无头绪。那无异于大海捞针。即使是在培根致癌的案例中，我们确信每 100 人中绝对会多 1 人罹患结直肠癌，但要从 100 位成为高危群体的人中，预测出增加的那 1 位患者是谁，我们依然无能为力。"高危"行为的特征往往正是如此，几乎不影响任何人，且比你想象的更难以预测。

就像我们在第 1 章中提到的那位百岁吸烟者温妮一样，苏珊娜·木沙特·琼斯也无法证明吃培根或吸烟有益健康，但这些事例的确能够表明，个体预测还有很长的路要走。有些人会平安无事——不仅如此，他们还能长命百岁，尽管他们的行为似乎在引火烧身。而有些人则不会这么幸运。至于究竟是谁，我们往往无法知晓。

我们惊讶地发现，即使所有人都知道能够引发某种疾病的诱因，但我们仍然无法知道哪些人会得病，哪些人不会得病。例如，我们对心脏病的预测就是这样。正如在所有其他情形下一样，有一些风险因素是我们已知的。心脏病是人类面临的最大杀手之一，但这些数据并不如我们所想象的那样有用。人们曾数次尝试制定心脏病风险系数，但正如一项针对这些不同方法的分析结果所示："没有任何证据能表明，这些风险系数能多么准确地预测个人患上心血管疾病（CVD）的风险，"并且"我们预测哪些个体即将患病的相应能力，无法与预测群体患病平均风险的能力相匹敌。"大多数在几年内患上心脏病的人，当初甚至都未被列入高危群体之列，这无疑是证实我们预测能力不足的一个实例。另一个实例也能说明这一点：大多数唐氏综合征患儿的母亲，当初都并未被列入高危年龄群体中。

风险系数无效的部分原因在于算法有问题。大多数人都是低风险，但低风险不代表无风险。于是，相较于少数人的高风险，多数人的低风险会产生更多病例。结果是，大多数患病者在患病前，都会被预测成无患病风险。

必须明确的一点是，这种预测能力的不足，仅限于充满神秘变化的个体世界。预测群体越大，概率就越明确可靠。如果两个实验组中各有 100 万人，那我们会发现在过量食用培根的高危组中，结直肠癌的发病率增加了 1 万例。在美国的 3.2 亿人口中，假如每天真的有如此多的人食用过量的培根，那么增加的结直肠癌病例的数量将是惊人的。

当然，这些都没能告诉我们，应该如何认真对待百分之一甚至是万分之一的风险。由于我们在此所面对的风险，是结直肠癌的风险，所以你也许还是会说："谢了，但我还是吃麦片什锦早餐吧。"但是如果你真的这么想，那是因为你害怕在极度不确定的状态下出现小概率事件，而并非是因为你十分了解实情。从本质上来说，我们把概率变成了一种个人赌注。

▌ 可以治疗所有人的药物却未必对每个人都有效

患病的概率如此，治愈的概率更是惊人。对你我而言，医疗成功的概率格外低。同样地，尽管从宏观层面来说，治疗的概率知识可以十分可靠，但问题依然会出现。医学是建立在长期的观察、实验、试验和试错的基础之上的。医药公司必须先证明某种药物对全部人口或部分人群足够有效，（这意味着我们看到的疗效是针对多数人的平均疗效。）才能说服监管机构发行许可证，然后成千上万的医师才能开出数以百万计的这种药品。即便如此，当你服用了一片已被证实有效的药物之后，这些药物能使你康复的概率又有多大呢？你已经知道，对你个人来说，吃药并不能保证康复。医生说："试试这个，看看效果如何。"如果无效，你就会尝试其他疗法。但是，我们对于药品产生疗效的概率有几分认识呢？

答案是，在极端情况下，对于某个群体确信无疑的疗效，对于你我变幻莫测的生命来说，只能是一个赌注。最荒谬的情况是，药物可能的确有效，但对于每个个体来说，它们可能永远也无法产生药效。同样地，产生这一悖论的原因是，概率描述的是一种在宏观层面可见的效应，而这种效应在绝大多数个例中却可能不会出现。在某个群体中，百分之一的疗效可以像发条装置一样可靠，在数以百计的群体中，每100个人中就会有一人受益。但这意味着，绝大多数人——每组中的另外99人，完全看不到任何疗效，而事先没人知道谁会是那100个人中的唯一一个幸运儿。

医学真的是碰运气的事吗？奇怪的是，并没有一种令人满意的方法能准确表明，一个在整个人口层面确实存在的药效，为何到了你我身上就变得不确定了呢？这是由我们衡量药效的惯用方式所引发的一个问题——我们是以群体而非个体为对象来衡量药效的。不过，我们的确做出过惊人的尝试，试图传达出个体不确定性的程度，医学界有时会采用这一做法。我们将在下文谈到，导致个体情况比表面看上去更不确定、更不可靠的因素究竟是什么。

图 6-1 改编自《自然》杂志上的一张图。图中所示的，是所谓的"需治疗人数"（NNT）——即我们需要用某种药物治疗多少人才能取得一次成功。在此例中，"需治疗人数"被用来表示美国销量位居前 8 名的药品在用以界定成功治疗的阈值上出现疗效（灰色）和未出现疗效（黑色）的次数。据我的经验判断，人们看到这幅图时，一定会大跌眼镜。

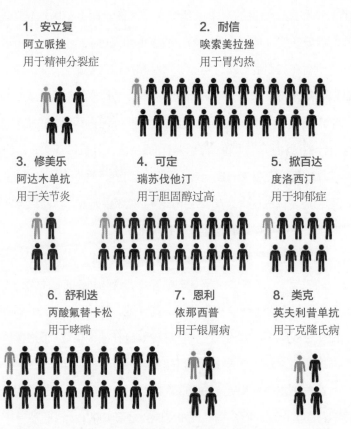

图 6-1 《自然》杂志所报道的美国畅销药物的"需治疗人数"

显然，图中几乎没有灰色（确有疗效），但却有大片的黑色（未出现疗效）。虽然在宏观层面上，这些药很可能的确有用，即帮助病人康复，这一点你可能猜对了，但在我们每个人神秘复杂的生活背景下，这些药往往不起作用。

　　这些都并非唬人的江湖疗法。相反，它们被用来治疗哮喘、关节炎、高胆固醇及其他常见病。它们通过了监管机构的评估，获得了认可。那些开出这些药品的医生在一定程度上也是信任它们的。人们明确定义了它们的积极作用，如可以缓解一半的病症，或者甚至可以药到病除。这里所说的是宏观层面的知识。

　　然而，假如我们按照图 6-1 的表面意思来理解，当有 4 个人走进诊室，出来时都拿着治疗关节炎的修美乐，或者是治疗银屑病的恩利，或者是治疗克隆氏病的类克——显然，这些都是治疗对应病症最有效的药物——那么按照我们对改善病情的理解（即对效果的衡量），在 4 个人中，通常会有 3 人看不到任何积极效果。事先没有人会知道，这 4 人中谁会是那个唯一的幸运儿，而这还是最好的结果。

　　其他药物的情况更糟。最不可靠的药物有 96% 的概率无法达到预期药效，如用于治疗胃灼热的耐信。这意味着，25 个人走进诊室，24 个人失望而归，事先没人知道谁是那个幸运儿，事后也无法知晓究竟是药物起到了作用，还只是他们感觉好些了而已。根据此例中的这一数据，要想知道药物何时能在个体身上发挥各种我们希望看到的实际药效，依然很难，因为我们在这方面的预测能力几乎接近于零。如果你去查询其他药物的"需治疗人数"，你可能会惊奇地发现，相对来说，图 6-1 中的许多数值实际上已经很不错了。其他药物的"需治疗人数"可能高得离谱，甚至达到了好几千。

　　有一种反应就是简单地说："哇，这些药没用！"毕竟，如果你的车需要尝试 25 次才能成功发动，那么你也可能会说它没用。当这张图被发表之后，医学界的一些知名人士就是这么说的。他们认为，这张图量化了药品在个体身上发挥药效的成功概率，并发现这种概率微乎其微。

　　但同样，这也超出了我们或他们的认知范畴。这种不确定性可能真的如图 6-1 所示——这些药品的药效可能真的是随机性的。事实上，即使我们可以确定这些药在宏观层面的确有效，但我们却无法确定它们发挥药效的时间和频率，无法确定它们是否能够发挥药效，或者对谁有效，以及能在多大程度上可以缓解病症。

　　这些问题中的第一个问题是，我们常常连药物何时产生药效都无法确定。这一问题可以用他汀类药物的例子来说明。如图 6-1 所示，他汀类药物是一种通过降低胆固醇来预防心脏病和中风的药物。基于该图数据，每使1人获益，就需要20人同时服用一种他汀类药物。这并不意味着这种药对其他19人无效，因为在这19人中，大多数人在任何情况下都不会突发心脏病或中风，所以，说这种药对他们无效并不完全准确。我们之所以不知道它是否有效或何时有效，是因为我们不知道它对他们而言是否必要，一种药品，只有在有必要的时候，才会有效。我们只知道，在每20个可能突发心脏病的人中，有1人会因服药而不再突发心脏病。

一如往常，我们依然不知道这个人会是谁。即使在事后，我们也不清楚究竟谁是被药物所治愈，而谁原本就不会有事。我们之所以同时治疗20个人来救1个人，是因为我们知道，这就是平均概率差。换句话说，95%的人本无须自寻烦恼，但由于我们永远也无法知道这些人是谁，所以在无知的情况下，忧虑烦恼就成了一个合理的选择。

其他药物也存在其他的不确定因素。当我们说某种药物有效，我们可以非常确信，从人均角度来看这就是事实，但却不知道这种药效在不同病人之间具体是如何分配的。意思是，当我们把临床试验中每一位病人的病情好坏全部归总之后，最终的累计数值充分好于使用安慰剂或其他疗法的对照组的累计数值。但这种累计药效无法显示出药品在不同个体身上所发挥的药效大小。

第二个问题是，当我们说某种药物有效时，这种有效性在个体身上会有怎样的具体表现。对心脏病而言，有一种衡量药效的方式就是死亡——服用某种药物可以预防心脏病发作引起的猝死吗？这种方式足够直接了。而对止痛药而言，衡量药效的方式就没有那么明显了。衡量头痛药的药效，通常是看服药后2小时内头疼症状有无消失或缓解。但这就意味着，如果服药后你的头疼时间从10小时缩短为5小时，虽然的确产生了药效，但监管机构依旧可能会认为该药无效。换言之，不同人对药物的反应方式（包括不良反应）、反应速度或反应程度是不一样的，有的人对药物的作用可能根本没有反应。当我们衡量或报道药物是否"有效"时，通常没有体现出个体反应的多样性。

实际上，真实情况往往充满了更多的不确定性。我们不仅不知道这些药对哪些人有效，药效究竟如何，我们甚至不知道在同一个人身上何时会再次出现药效。

假设有一位叫朱莉的病人，她服用了图 6-1 中的某种药物，感觉没有任何反应。这是否意味着朱莉就是一位或许是由于遗传的原因而对该药无应答反应的患者呢？答案是否定的。至少我们无法仅凭这一次的无应答反应就推断出她是天生的无应答患者。我们只知道她这一次无应答。但下一次，她可能就会对药物产生良好反应了。这也许是因为第二次服药时，她没有其他干扰性疾病，因而就没有服用相应的干扰性药物；也许是因为她没有上次那么紧张了；也许是因为上次她的医生犯了错。换句话说，这次药物没有起作用，可能是由于某个偶然的细节因素，而不一定就是因为朱莉身上有某种根源性的、一贯的特质。对药物无反应就一定能说明你是一位天生的无应答者，这一观点乍看上去貌似合理，但实际却值得仔细推敲。

我们能说的就是，每个个体的实际情况都是纷繁复杂、晦涩难懂的。某种药物在整个人口层面有效，在这一宏观的概率知识背后，隐藏着充满神秘变量的另一半。患者不具有规律性，医生亦如此。在诊断、干预、解释治疗效果方面，专业人士的做法也是大相径庭。鉴于这么多变量的存在，我们根本无法知晓为何某个医学病例会呈现出这样的结果。对某一位患者来说，真正的因果规律可能会由于这些错综复杂的变量，从显而易见——如修复一只在事故中折断的骨头——变成难觅其踪。

尽管如此，我们依然了解到了一些知识。例如，我们知道，从人均角度来看，在数万或数十万的人口中，每 20 个人中就会有 1 人因服药而获益。这里的关键点在于，人均知识往往就是我们所掌握的全部知识，是我们可以依靠的全部知识，是我们所能发现的全部知识。但强有力的人均知识于你而言，也可能是不堪一击的。

有些人对图 6-1 中使用的"需治疗人数"感到绝望，因为这些数值不仅没有揭示不确定因素，反而掩盖了潜在的变量，这是可以理解的。而其他人，包括一些医生在内，都想将"需治疗人数"作为一种告知患者药效的标准方法。目前，"需治疗人数"更多的是被用于比较成本分析。我认为它们还能有更广泛的用途——但有一个前提，那就是我们不能将它们作为定义某种药物作用模式的权威指南。"需治疗人数"给我们提供了一条有关潜在不确定因素的模糊线索，这是我们在你、我或朱莉身上所盼望能找到的、有关因果效应的全部信息。"一条模糊的线索"听起来无关紧要，但这可能是我们所能获得的最好信息。我们无法从别处得到任何信息。

一个令人惊讶的事实是，医学并没有一个令人满意的方式来传达一些基本信息——如医疗的不确定性，相反，大多数情况下，我们是用一些更加模糊的信息来蒙混过关，这表明我们大多数人并没有意识到问题的存在。

再次重申，对于将"需治疗人数"作为衡量出现药效概率的一种明确标准的做法，我们应持谨慎态度。因为药物是否有效取决于选择何种衡量方式或阈值，而外界对这些很难达成一致看法，《自然》杂志上的一些数据也一直饱受争议。我还要再次重申一下总的结论。关于宏观知识，有太多的不确定因素，以至于我们无法找到因果规律，也不知道这些知识对于你我究竟有多大的作用。要想知道某种药物有怎样的药效，唯一能令我们离答案更近的方法就是去服用它。即便如此，你依然可能永远也得不到答案。我们虽泛泛地思索，但也必须忍受生活细节的变幻莫测。

▋ 时而明了，时而无知

这些问题表明，在任何个例中，我们不仅不知道将会发生什么，而且也不知道为何会发生。在一个层面上——对于某个群体来说——我们可以准确无误地找出某个原因。但在另一个层面上——对于某个个体来说——我们则无能为力。

设想有一位随时可能患上肺癌的吸烟者。当一股冷空气吹开了前门，他猝不及防地咳嗽了一声，而这一个细节很可能就决定了癌症是否发作。没有人会知道，一个人的命运可能就取决于这样一股决定性的力量，而这种力量就隐藏在生活里的某个神秘变化之中，这种情况的发生可能是绝无仅有的。但吸烟的确可以导致肺癌，实际上，大部分肺癌的确都是由吸烟引起的，毫无疑问，吸烟是一种有损健康的陋习。

从这个角度来看，我们似乎明确地知道引发某种现象的原因，但同时我们又毫无头绪，因为这个原因既清晰又模糊。这是真的吗？神秘莫测与清晰直白可以并存吗？

可以。这一切都与不同层面有关。宏观层面的规律和微观层面的规律是不一样的。它们可以共存，但令许多人困惑的是，它们不会轻易产生交集。其结果是，即使某种疾病的诱因从群体层面来讲清楚明了，但在解释为何某个个体患病而另一个个体不患病时，依然存在大量的不确定因素。

由此就会产生一个棘手的问题。这意味着如果我们在错误的层面寻找某个病因，则很可能一无所获。假设有一个国家，全民吸烟，无一人例外，但是我们还不知道吸烟会引发疾病。后来我们发现了大量肺癌病例，于是试图找出病因。为了找出有的个体存活而有的个体却死亡的原因，我们检索了他们的基因，查询了他们的生活史，但我们很可能没有任何结果。如果只是因为一声咳嗽，那我们永远也不会知道。

但是，如果我们忽略个体之间微小的差别，却只比较全民吸烟国家和全民禁烟国家的肺癌病例数量，那最终的解释会令我们陷入难堪的境地。在某个层面上，某个极具说服力的原因清晰可见，但到了另一个层面上，它便消失了。

这里还存在违反常理的一点是，我们以为想要了解为何一个人生病而另一个人健康的原因，通过将二人进行比较就可以了。事实上，如果我们只研究个体之间的差异，就可能会错过那个最重大的原因。而如果我们研究不同群体之间的数量差异，完全忽略个体之间的差异，就会发现那个重大原因变得清晰起来。这就像只见树木不见森林一样。

杰弗里·罗斯在 1985 年发表了一篇题为《患病个体与患病群体》的著名文章。他在文中写道："最难识别的病因是那个普遍存在的因素，因为它对于疾病的分布没有任何影响。"简而言之，群体之间差异的辨别"与个体特征没有任何关系"。宏观与微观是两个完全不同的层面。

▌"可能有用" 比没用更糟糕

特殊事件尤其是高风险事件的概率往往是很低的，通常都是微乎其微的。大部分曾经使我们过早死亡的事件已经基本消失了。如今，在英国，一个 7 岁的孩子因在大街上行走而死亡的概率——这是典型的父母们的噩梦——低于一个 2 岁孩子被窗帘绳勒死的概率，也就是说，这种概率是极小的。同样地，我们所发现的大多数因果规律，例如，"如果你怎样，概率就会增加 30%"，给你我带来的影响并不如我们想象的那么大，正如我们所看到的那样，他们可能只会影响数万人中的某一个人。

这种小概率往往会被忽视。当概率的全部意义就是给事物确定比例时，这种忽视小概率的现象听上去就会很奇怪，在统计学上，这被称为"基础概率忽略"（base-rate neglect），而且这种现象很常见。以下事例就解释了，这种现象是如何使概率的作用看上去有益，但实则是有害的。

假设你是一位 65 岁的老人，担心自己会患上痴呆症。你暂时还没有出现相关症状，但你的身体已经发出了警报，所以你想去检查一下。有一个测试可以进行痴呆症筛查。如果你有痴呆症的早期征兆，这项测试很可能就能筛查出来。所以，你会做这个测试吗？

有些人对此并不感兴趣。但其他人可能会推测，即使这项测试可能有不足之处，且可能漏掉一些可能的病例，但它还是有可能筛查出痴呆症的，而这就意味着他们可以提前做准备，制订计划，告诉亲戚朋友将会发生什么，等等。这种想法的问题不在于一些阳性病例被漏掉了，而在于许多健康的人被误诊为阳性了。原因很简单。65 岁的痴呆症患者并没有那么多（基础概率约为 6%），但筛查的对象是所有人——既筛查 100 人中患痴呆症的那 6 人，也筛查 100 人中没有痴呆症的 94 人，每个人的筛查结果都可能是错误的。

　　在本书撰稿期间，可用的筛查测试已经可以准确地找出 6 名痴呆症患者中的 4 人。但也将没有患痴呆症的 94 人中的 23 人误诊为痴呆症患者。如果我们将 4 例真正的阳性病例与 23 例假阳性病例相加——记住，我们并不知道这些具体是哪些人——那就是从 100 人中筛查出了 27 例。在 27 个被告知可能患有痴呆症的人中，有 23 人是被误诊的。有一家报纸曾报道过这样一个故事：一位妇女在被诊断出患有痴呆症之后，卖掉了自己的房子，住进了护理中心，结果却发现，自己根本没病。

　　"这项医学技术不仅不好，而且还有害……"一位提供常规痴呆症筛查的医生在回应外界压力时这样说道。"可能正确"的诱惑掩盖了大多数健康人被误诊的事实，对健康人来说，这些误诊可能导致他们的生活发生翻天覆地的变化。

　　低基础概率再加上边际概率效应，足以破坏我们美好的初衷。许多其他健康筛查服务也有类似的不足。尽管它们的潜在利弊之间的对比各不相同，但这类筛查是有危害的，其中就包括对健康人群从未有过的疾病进行严肃治疗。乳腺癌筛查导致原本健康的人接受了乳房切除手术，这种情况可能而且确实会发生。

▌概率的作用

　　宏观和微观的概念是很广泛的，而且不易理解，但它们也并非都没有好处而只有坏处。

　　第一个好处是，思考不同层面的知识甚至有助于厘清"原因"和"运气"之间简单而可怕的混乱关系。要理解这一点，可以回顾一下前文那个全民吸烟的思考实验。从整个人口层面来说，病因一目了然，但在人群之中，每个个体身上又会存在许多不确定因素，也一定会有人像温妮一样——"幸运地"躲过了最坏的结果。所谓的"原因"与"运气"的混淆，往往不过是不同层面之间的差异。在宏观层面上，吸烟诱发癌症；在微观层面上，一声咳嗽可以使你即使吸烟，也能活过 100 岁。

　　也就是说，凭空争论"运气"和"原因"的区别是没有意义的，除非我们同时说明讨论的是哪个层面的问题。太多别有用心的人们一听到"运气"或"原因"，就用它们来解释所有层面的问题。"瞧，这项研究表明，吸烟引发癌症完全是运气使然"！这种说法在任何层面都站不住脚。造成某种现象的，并非"全是运气"，也并非"全是原因"，而是二者共同作用的结果。

第二个好处是，我们的确掌握了一些宏观层面的知识。这意味着我们也可以在宏观层面——在一群人，甚至是在整个人口层面——有所建树。政府也许对每个个体的情况一无所知，但他们的确知道：抽烟的人越少，癌症患者就会越少。所以，如果他们有意向，就可以试着采取相应的措施。在涉及各种政策的全部概率问题上，他们都可以效仿此法。他们可以说："虽然不知道我们的政策将在哪里发挥作用，但由于它们一定会在某地发挥作用且通常都可以改善状况，所以我们就有理由这么做。"

但是必须提醒两点。首先，我们的领导人不应假装"运气"在个人层面不会起到任何作用。无论政府或其他各方以为自己多么了解某项政策应该如何发挥作用，那些神秘变量都完全可以让政策的效果充满不确定性。如果一项政策对某一学校有效而对其他学校无效，对某一地域有效而对其他地域无效，对某个人有效而对其他人无效，并不是因为这些地方存在"错误的"做法，而是因为"正确的"做法在不同情境下会发生微妙的变化，以至于我们可能永远也无法发现关键因素。这就是概率的本质。高层次的规律与低层次的乱象是共存的。政府可能会试图将失败的案例归咎于他们做出了错误的假设。他们这么做，往往就是在为自己的无知推卸责任。

其次，有关各方——政府、公共卫生机构、媒体、专家学者、智囊团——都必须对概率知识的真实适用范畴进行清楚的界定，以此来承认其知识的局限性。这一简单而重要的步骤，有助于我们判断所有拟定的政府政策是否合理。例如，一项斥巨资就能将风险降低 30% 的政策，可能物有所值，也可能完全看不到成效。这完全取决于 30% 是否意味着每百万人中有 1 人获益，或者是否会影响到我们中更多人的利益。任何没有运用可理解的、人口层面的数据来表达的说法，都是对公众认知的潜在欺骗。15 年来，我一直在撰写和传播有关公开辩论中数据的文章，我所遇见的人们最常犯的错误是，他们一边对概率或风险发表着自己的"真知灼见"，一边又不明示他们的观点对于你我究竟有何意义。他们的观点缺少具体数据，只一味使用相对百分比——"如果我们这么做，结果会差 20%！""那些那么做的人，结果提高了 30%！"——这些话看似有道理，实则不然。它们看似揭示出了一些强大的效果，但实际上，我们往往无法从它们提供的信息中看到任何影响或相关性。对于这种做法，我已经忍无可忍了。这种恶习就是无意间养成的，最坏的情况就是有意欺骗或不称职，但可悲的是，这种习惯很难纠正。成为新闻头条的那些概率（风险）知识于我而言，往往都是可有可无的，因此常常被我忽略。

我最近遇到的一个事例，是通过一项元分析来表明：饮酒量没有安全线，人们应当考虑戒酒。在此例中，风险再次被归结为概率问题。但是，该研究未能补充说明：对于少量饮酒的人来说，不安全究竟意味着什么。这违背了发表该研究的杂志一贯坚持的理念。假设基础数据无误，那么答案如下：在 10 万名每天喝一杯酒的人中，约有 918 人在 1 年内会出现与酒精相关的健康问题；而在 10 万名不喝酒的人中，出现这一情况的有 914 人。换言之，在 10 万名不喝酒的人中，99986 人会无恙，而在 10 万名每天喝一杯酒的人中，99982 人会无恙。

"有风险"和"无风险"之间的差别很小。如统计学家大卫·斯皮格尔特所言，开车有风险，但没有人会因此而主张不开车。细想之后，他又补充道："生活也没有安全线，但没有人会因此主张大家都别活了。"

概率似乎能揭示真理。但除非我们能将其按比例转化为具体数字，认清它的局限，否则这所谓的真理就只是耸人听闻的言论，会造成极大的危害。不过，假如我们能够正确区分低概率和高概率，就能够有所收获。政府及其他各方就能更加明确怎样做才能真正施政惠民。在大多数情况下，概率都适用于宏观层面，在这个层面上，它可以充分发挥作用，帮我们找到人类更迫切需要的、最希望能改变的那些模式。

▌ 个体化医学的时代？

群体知识一旦运用到个体身上就会失效，这一问题自然引发了另一个疑问：在治疗疾病或解决其他问题方面，我们的重点关注对象是群体还是个体呢？我们是应该从大处着眼，关注社会或群体层面的问题，还是从小处着眼，关注个体差异？鉴于目前所掌握的大多是概率知识，而概率又是宏观层面的知识，从而无法预测个体情况，那我们何时才能够真正聚焦于个体层面呢？

在流行病学（一门研究疾病模式的学科）领域，这一问题具有重大的现实意义。流行病学家贝弗利·罗克希尔指出，"现代流行病学的主导理念是个体主义"——这种理念认为，每个人生病都必然有一个独特的原因。

但是，当你用前文的思考模式来考虑这些个体因素可能包括什么，以及它们会如何变幻莫测时，你就会开始质疑个体主义的理想是否真的可以实现。贝弗利也有这样的疑问："哲学推理和实证证据表明，这种探索可能不会像支持者们所声称的那样富有成效。"她认为，个体主义可能会妨碍我们查找病因，妨碍我们对疾病预防做出有效的贡献，"因为就非传染性疾病而言，现有的遗传和环境的风险因素的阳性预测值太低，不足以从数据上支持个体主义的发展"。

我们对个体层面究竟能了解多少？这个问题变得尤为尖锐，因为当前，有些人满心欢喜地认为我们即将进入个体化医学或精准医疗的时代，更有甚者，认为我们几乎即将对万事万物都有更深入地了解。这些高谈阔论者认为，我们很快就能依照每位病人的个体特征，为他们量身定制治疗方案，这样一来，药物的功效就能被最大限度地发挥出来，我们甚至还能从他们的基因组中，预测出他们会患上何种疾病，并掌握最佳的治疗方案。

我担心这种说法会助长不切实际的期望。毋庸置疑，在探索人类疾病的基本原理方面，尤其是在遗传学领域，我们确实取得了一些惊人的进展。但是，个体化医学的批评者们质疑，要收集足够多的个人信息才能对病人进行精准治疗，这种操作的可行性有几分？研究领域和实践领域的医学知识，主要是建立在平均值和概率的基础之上：这些都是宏观知识。我们充分有理由相信，这些知识离个体化还很远。不难想象，未来的医学会呈现多级化发展，对不同类型的病人会更加敏感，如可以研发出专门针对老人或年轻人的药物。也就是说，我们可以将群体层面的知识进一步细分，使之能适用于更小的群体。但是，我们能一直细分到个人层面吗？我对此表示怀疑。我还能想象得到其他情形。例如，我们对不同类型的癌症会进行更加精细的分类，这就意味着针对不同类的癌症，可以有不同的治疗方案。但是，一般意义上的"个体化"，远远超越了我们已经掌握的或有可能掌握的知识范畴。即使我们准确地掌握了每个人的基因组，也不要忘了大理石纹螯虾所发生的惊人变异，它们从完全相同的基因组变成了完全不同的基因组。我们不禁要问，掌握每个人的基因组，究竟能在多大程度上帮助我们对每个人的患病情况或药物反应进行预测。不难看出，我的观点与质疑者们是一样的。除表达否定意见外，我还想说，精准或个体化医学的概念，一半是愿景，一半是炒作。如果我们的说法能更严谨一些，谈论的是"更精准的"医学，而不是"精准的"或"个体化"医学，我会觉得恰当得多。这种局限性是令人沮丧的，因为它表明，虽然概率知识有许多不足，但在某种程度上，我们必须依靠它们，而且它们往往已经是我们所能获得的最准确的知识了。所以，我们更应该合理利用它们。

将群体和个体这两个层面想象成两个和而不同的世界，会使我们感到困惑。但若是将二者混淆在一起，情况会更糟。那会令我们误认为自己掌握了某种知识，而实际上，这种知识在从一个层面传播到另一个层面时，极易失效。在所有威胁知识传播的因素中，宏观和微观之间的差异是其中最顽固的一个。它就像是生活对人类秩序的最后一击，是最后的反抗。这意味着，即使我们准确无误地掌握了某种知识——即使这一知识经过了严苛验证，可以在不同群体间传播，还有坚实的理论基础，但换个层面，它依然可能只是一个无根无据的猜想。

7. 一切并非显而易见
隐藏在简单事件中的复杂性

人生唯一的教训是：在一个人的一生中，意外时有发生，但人们能够承认并理智对待的只是其中一部分。

托马斯·品钦

《V.》，作于 1963 年

简单的原因使世界变得更易于理解，如"肥胖与糖有关"！简单的原因也更容易向他人解释或宣传，如"糖有害健康"。所以，这些简单的原因常会带来更易控制的解决方法，如"向糖征税"！有些人热衷于这些简单的原因，个中缘由不难理解。作为一名记者，每当那些重要人士对着我的麦克风说："这都是因为……"的时候，对于那些声称原因和办法都是清楚无误的说法，我常常会点头附和。

事件越重大，声称其原因很简单的声音就越响亮，当事件大到足以登上报纸头条时，这种声音也就最响亮。这类事件常常会涉及更多的利害关系。就拿一个真实案例来说：假如一个国家的青少年怀孕率突然锐减了一半，有些人就会情不自禁地从这一现象中找出一个简单明确的原因，可能是与性或道德有关，也可能与政府和父母的作用有关，等等。

但是，最宏观的事物很可能无法告诉我们任何清晰、明确的知识，这是有原因的。这就导致了一个令人意外的结论：以商界为例，最大的成功案例往往是最不具有指导意义的。在本章中，我们将列举一些重大变化的事件。这些事件的背后看似都有一个清晰、明确的原因，但实际上，它们却都得出了一个相反的结论：在具体事件的背后，同样可能存在多种不确定的、错综复杂的隐藏因素。

▌"显然，因此……"的误区

2011 年，在一场地震和海啸过去之后，日本的福岛核电站发生了泄漏事故，这是继 1986 年的切尔诺贝利事故之后，最大的一起核事故。约 14 万人从周边地区紧急撤离。这是日本的第一场核灾难。

人们迅速做出了反应。长期以来，日本一直严重依赖核能，而此后，日本的核反应堆全部关闭，等待调查。国际原子能机构的总干事天野之弥表示，福岛核事故"在全世界引发了深深的公众焦虑，损害了人们对核能的信心"。例如，德国政府宣布，将加速停止其全部的核能发电。调查人员随后发现，人们低估了相关风险。

几年后的 2015 年，日本重启了第一座核反应堆，很快，其他反应堆也陆续重启。我采访了一些当时在核能行业工作或特别关注核能政策的人。他们的观点中有两种比较突出。一种观点是，福岛核事故从根本上证实，核能本来就具有潜在的灾难性，因为即使在切尔诺贝利事故过去几年之后，核能行业依然在威胁着成千上万人的生命安全。另一种观点则恰恰相反，那就是：福岛核事故清楚地证明，核能已经变得多么安全；核电站经历了一次海啸，还经受住了一次地震的考验——全日本的核反应堆都经历过这些，但这些依然没有造成直接的人员死亡。

我向一位第一种观点的支持者提到了第二种观点，她难以置信地嘲笑着。我无意裁决究竟哪种观点是正确的，你可以自由选择立场，但我对此事印象最深的一点是，双方都完全确信各自掌握的确凿证据具有决定性的力量，而双方手中具有决定性力量的证据却恰恰是同一件事：福岛核电站泄漏事故。

我的另一个印象是，双方都选择了同样的论证方式来支持自己的观点：他们都用数字来描述风险——仿佛风险是客观的、决定性的因素。双方的论证视角都极为狭窄，仿佛结论是显而易见的。整件事似乎简单明了。

但是，这些观点和论证习惯却掩盖了大部分的动因。之所以每个人都能自圆其说的真正原因有很多，是因为各方对同一证据的每个不同反应和解释，都掺杂了大量的推理、经验和情感。例如，一位历史学家曾告诉我，德国人做出这一反应的原因之一是，他们曾经历过自 1943 年至 1945 年期间全面战争的战乱，以及由此产生的对核毁灭威胁下冷战阴影的态度。这使德国人会将核能与核武器联系在一起，从而对其产生深深的恐惧和怀疑。而福岛核事故表明，他们的恐惧是有道理的。

另一位受访者告诉我，在法国境内与德国接壤的地方，人们对于战争的经历和回忆是完全不同的，那是一种在德军占领下的无力感。这在一定程度上导致法国人将核能视为一种展现民族独立和民族气概的方式。福岛核事故使法国政坛和商界的一些陈词滥调再度出现。

我无法保证这些说法的准确性。但这里的关键在于，任何重大事件都并非孤立存在的，当然也不能将它们简化为数学运算问题。它们大部分的意义都隐藏在我们所经历的错综复杂的情境之中，包括历史教训、民族认同、对科技的期盼或恐惧，等等。这意味着，事件越重大，其关联因素就越多，其意义就可能更具争议，而我们用这一重大事件搭建的任何大厦，对其他人来说，就更可能显得荒诞不经。

每个人的动机、经历和观点都是复杂的，这不足为奇。但在这类事件中，这种复杂性往往会被隐藏或掩盖起来，因为显然人们坚信，一些人为筛选出的证据是具有结论性的：一方说有"14 万人撤离"，另一方说"无人死亡"。这些将风险量化的言论，引出了简单明了的结论，继而导致人们对其他观点的不屑，但在我看来，这些在很大程度上，似乎都是在刻意去繁从简。

然而，这一问题却不易解决。难点在于，如果我们把所有的复杂因素都罗列出来，假设我们对它们足够了解，那还怎么解决争议呢？这样做只会无限延伸每个争论点。于是我们对事件进行简化、粉饰，然后胡乱得出一些我们一知半解的结论。这就是重大事件确凿证据的由来。

▌ 不必去寻找答案

从重大事件中找到清晰的原因的难度还不止于此。它们之所以具有争议性，是因为背后的成因常常也是错综复杂的。但这种情况也并非绝对。曾经有一个重大事件，其背后的成因似乎的确是简单明了的。由于突然颁布的安全帽法而导致的德国摩托车盗窃案锐减的现象，就是一个实例（详见第 5 章）。但从本质上来说，我们没有理由去指望每次都能从重大事件中找到简单明了的原因。这是因为，要想做成一件大事，需要综合考虑诸多因素。这些事件都是多种因素和影响共同作用的结果，我认为，我们能从中借鉴的经验往往与期望相反，常常根本没有经验可借鉴。

以英国青少年怀孕率下降的事件为例。这简直令人震惊。与欧洲其他国家相比，英国的这一数据曾一度居高不下，人们为了改变这一情况，做出了各种努力，结果都收效甚微。20 年前，每 1000 名少女中约有 45 人怀孕。如你所料，在 21 世纪初，青少年怀孕率出现了轻微波动，略微下降了一些，但这个问题依然是一个国家层面的棘手难题。并非每一位少女怀孕都是憾事，但太多的少女根本不想怀孕，她们要么终止妊娠，要么从此浑浑噩噩，虚耗生命。候车亭的一瓶廉价果酒就会导致酒后怀孕，这并非什么老掉牙的故事，而且可能也绝非完全虚构。

之后，在 2008 年至 2016 年的 8 年间，情况发生了巨大的反转：青少年怀孕率几乎下降了一半。这组数据猛然骤降就好像某天早晨你一觉醒来，发现当年本该像 10 年前一样出现的 2 万名怀孕少女并未出现。在这 8 年里，共有约 6 万人从数据中消失——这么多的少女怀孕事件并没发生。在我 30 余年的新闻业从业经历中，在无数社会行为的车轮缓慢转动的行列中，这是我所记得的迅猛的变化之一。但它并未引起媒体足够的关注。简而言之，这堪称是一次骤然的巨变。人们情不自禁地开始寻找这一现象背后的原因及可吸取的经验。以下就是那次探寻之旅的全过程。

大体来说，青少年怀孕率的下降与当时工党政府实施预防青少年怀孕战略几乎是同步发生的。因此，有人就把功劳算到了英国工党政府的头上。但对这一说法稍加思考，就会发现它其实并不能完全令人信服。可问题是，其他观点同样也无法令人信服。于是，我花了数月时间，阅读、思考、采访，试图理解这一社会行为的骤然转变。从某一个角度来看，这是一件令人头疼的事情；但从另一个角度来看，我欣喜地窥见了一个事实：即使拥有坚定的观点和大量数据，我们也依然难以得到一个令人满意的答案。英国政府的这项战略是强调性教育的作用，这在当时引起了一些争议，但政府依然从 1998 年至 1999 年间开始着手实施。而青少年怀孕率是在 8 年后的 2007 年至 2008 年间突然开始锐减的。在此期间，并未有任何特殊情况发生。这项战略的支持者们声称，战略实施需要时间，而且该战略也经过了微调，所以，有关数据开始锐减的时候，正是战略开始充分发挥作用的时候。也许吧，但若果真如此，那政府做出的调整一定是极为高效而精准的。

然而，科克伦协作组织的一组受人敬重的研究专家，对世界各国的性教育进行了一项综合分析，结果发现，仅凭英国政府的这项战略似乎难以起到任何作用。不过，该组织的另一组研究人员所做的另一项综合分析表明，教育与避孕宣传相结合，似乎的确能起到作用。所以青少年怀孕率的锐减，可能是这两方面共同作用的结果，而非单一因素的影响。或者是这两方面正确的做法，经过正确的组合而产生了效果。

很难说，真正的原因究竟是什么，尤其是许多其他国家的青少年怀孕率也出现了大幅下降，而他们并非都施行了类似英国的这项战略。有些人试图极力证明英国的下降速度快于其他各国。也许是吧，但英国的这一数值原本就高于其他大多数国家。

且不说这种避孕宣传是否要与性教育结合才能产生效果，它所倡导的可能就并非普通的避孕方法，而是某种特殊的避孕方法。在 21 世纪初期，像因普拉农这类的长效可逆避孕方法被广泛使用。这种方法是将药物注射入手臂，通过人工合成孕激素的缓慢释放来实现避孕——对于那些最可能在没有预防措施的情况下发生性行为的人群尤其有用，因为它们的药效可以持续多年，不必每天都要记得服药。在青少年怀孕率锐减的关键期，全国使用长效可逆避孕方法的人数迅速增加。我曾与一位医生交谈过，她坚信这种方法就是我们一直在寻找的答案，她还兴奋地谈论着此种避孕方法给她的年轻病人的生活带来的变化。

但是后来，我与另一项学术研究的参与者也讨论过这个问题，该研究试图在地方层面寻找青少年怀孕率下降与长效可逆避孕方法的推广或使用之间的关系，看看二者是否存在合理的联系。他说，也许有关系，但关系不大。不过，为了便于研究，他所使用的地方层面的数据都比较小。相比之下，他更倾向于其他的解释：主要是由于在校时间的增加——实际上，平均在校时间的确略有所上升。此外，有着不同行为规范的移民群体的增加，也是另一个因素。

在校时间的增加可能的确是一个因素，不过这在一定程度上又将问题推了回来——为什么人们想要这么做呢？个中缘由必定十分复杂，可能涉及对不同前景的权衡。一方面，受到就业市场、失业率和收益率的影响；另一方面，在校学习更容易取得学位或其他资格证书。此外，还包括与这些选择相关的各种生活方式的期望、机会或成本。

潜在原因的这张大网正在逐渐扩大。若深入挖掘可能与青少年怀孕相关的其他趋势，则还会发现一些迹象，它们能够表明这些年来青少年的一些态度有所转变，他们更少饮酒，更少吸毒，也许也不再那么爱冒险。针对这类行为的有效调查表明，青少年的这些行为都出现了下降趋势，这可能与你从媒体报道中得出的结论正好相反。这是那个决定性的因素吗？规避风险的态度致使他们改变决定，转而继续留在学校吗？也许是吧。不过，如果这是价值观或偏好发生变化的根本原因，那么这也就提出了另一个问题：是什么导致了价值观或偏好的改变？

一些引人注目的观点认为，是社交媒体导致了青少年怀孕率的下降，是青少年不再去候车亭找乐子，转而沉迷于手机或脸书吗？这能够解释青少年怀孕率的下降吗？也许吧，因为青少年怀孕率的降低在某种程度上来说，已成为一种国际现象。正如我们所听到的那样，像社交媒体兴起这样的全球性因素的确可能是我们要找的答案，同时，3G 苹果手机迅速普及，并于 2008 年——也就是青少年怀孕率开始下降的时期——冲击了英国市场。脸书也大约在同一时间出现。

然而，这种解释会暗示社交媒体是通过减少青少年性行为来影响青少年怀孕率的。这似乎是一种合理的机制，只不过现有的青少年性行为数据并不支持这一观点。在英国，有一项名为"全国性态度与生活方式"的调查（Natsal），它是全球有关性行为的最大、最详细的科学研究。这项调查一共分 3 次进行，最近的一次是在 2010 年至 2012 年期间。尽管似乎有相当明确的证据表明，成年组研究对象的性行为次数少于之前的调查数据，但该调查的一位主要发起人告诉我，他们所得出的有关青少年性行为次数的变化趋势并不是决定性的。关于美国青少年性行为的次数是否有所减少，也存在争议。有人说确实如此。但是，一项名为"全国家庭增长"的调查（the National Survey of Family Growth）通过一个规模适当但极具代表性的样本发现，在相关年份，青少年性行为没有发生显著变化。也许过一段时间，我们会看到一个更清晰的变化趋势，但如果性行为数量没有减少，我们就不能认为社交媒体减少了性行为的发生。即使性行为数量确有下降，我们或许也无法确定这一定与社交媒体有关。不过，即使青少年发生性行为的数量与过去持平，但或许他们了解到了更多的预防措施，而这也许与社交媒体或互联网有关。

最奇怪的是，我采访了一位来自怀孕咨询服务机构的女性，她说青少年怀孕给青少年带来了更多的耻辱感——她并非想羞辱怀孕的年轻女性，她们遭受的苦难已经够多了。但是，在 21 世纪的最初几年里，英国有一部电视喜剧，名叫《小不列颠》，剧中有一个名叫维姬·波拉德的角色。她是一个说话急速、语焉不详的女人，她还是一位粗心大意的母亲，没人知道她究竟有多少个孩子，她还用其中一个孩子换来了一张"西城男孩"的光盘。这是巧合吗？ 2005 年，《小不列颠》惊人的在英国拥有了 900 万观众。这一年份正好与青少年怀孕率下降的时期相吻合。维姬·波拉德是导致英国青少年怀孕率大幅下降的无形变量吗？

当然，假如真的存在维姬·波拉德效应，那么我们就会想再次调查青少年怀孕率也有所下降的其他国家，看看媒体的负面影响是否在那里同样发挥了作用。在美国，类似"少女妈妈"这样的真人秀节目——"可能也在用它独特的方式发挥着控制生育的作用"，《时代》周刊的一篇报道这样推测到。或者，是电影《朱诺》起了作用？该片讲述的是一个少女意外怀孕并最终将孩子送走的故事。一个惊人的巧合是：该片于 2007 年上映，在时间上也是吻合的。而此时，我开始怀疑自己是否犯了"确认偏误"的错误——只寻找能支持自己先前观点的证据。维姬·波拉德也是价值观变化的一种表现，而非原因。或者，也许维姬·波拉德只是所有变量中的一个无形变量。或者，真正的原因是被我们完全忽略了的其他事物。也许，行为一旦开始改变，那么在接下来的几年里维持这种变化的，是青少年能够效仿的怀孕案例越来越少，所以这种变化是一种预期自致的变化，维持这种变化的动力恰恰来源于变化本身。在这种情况下，青少年怀孕率下降的部分原因来源于这个现象自身，这就像是一种时尚究竟是流行还是过时，取决于你如何看待它。

简而言之，造成这一现象的原因有很多。或许，这种变化之所以如此巨大，正是由于促成它的原因有很多的缘故。有一种说法认为，这种变化可能是上述所有因素共同作用的结果。随便去掉其中哪一个因素，怀孕率依然会大幅下降。

但是还有一种可能，这些因素也许更像是一只板凳的三条腿；一旦缺了一条，整个板凳就会翻倒。科学哲学家南希·卡特赖特说："事件的发生，一定是各种因素团队协作的结果。"这句话的意思是，如果某些因素消失了，那么其余"因素"可能根本无法引起任何事件发生。

南希向我们展示了这样一幅画面，那是一个错综复杂而又极其微妙的因果世界。想要将其拆解并一一研究，就像是试图解开一张蜘蛛网。每一根线都彼此交织着，相互支撑。若所有因素发挥作用的方式保持不变，那我们根本无法改变整体中的任何一个部分。

南希·卡特赖特这样写道："我们强调为原因的事物——于你而言，这可能决定着你的政策走向——很少能单独对事件产生影响，它需要其他因素的团队协作。一旦有任何团队成员缺席，这项政策就将根本无法发挥作用。这就像是想做煎饼却不加发酵粉一样。"她指的是蓬松的美式煎饼。英国的读者们都知道，英式煎饼是不用发酵粉的，但领会意思就好。

在一次采访中，她特别强调了所谓"支持因素"的作用，还带着一丝劝诫意味地摇了摇头，说："无论你想带来怎样特殊的社会变化，那都将是一件非常、非常复杂的事。"关于我们是否能找到导致青少年怀孕率下降的那个原因，我一直认为这几乎是不可能的，因为根本就不存在所谓的"那个原因"。在你去掉某个因素之后，其他一切因素还能照常发挥作用，这种情况几乎不会发生。而可能的情况是，当你阻断了这个因素发挥作用的通道时，相应结果就不会再发生了。

最终，究竟是什么引起了青少年性行为的这种特殊变化，我们依然无法找到答案。我们无从知晓。虽然这种变化即迅速又明显，但其背后的原因却隐秘难寻。每一种试图找出答案的方法（从逻辑回归到综合分析和个人经验）都有各自潜在的缺陷。每一条证据都或者存在漏洞，或者被其他证据所否定，或者仅仅是引出了更多其他的问题。

这个故事警示我们，要警惕寻找单一原因所带来的危害。首先，这使我们忽略了多种因素相互作用的问题，而这种相互作用是极其复杂和不稳定的。其次，着重突出某个原因而忽视其他因素，很可能会使我们高估自己的控制力，因为相较于多种因素的组合，单一因素似乎更容易被重现或维持。

在实施政策方面，南希·卡特赖特对我的建议是："双面下注，对冲风险。我可以预想到，无论政策制定者们多么深思熟虑，多么用心良苦，可大多数的社会政策依然不会见到实效。但这并不意味着我们不应尽力去解决问题，尽力一试总比放任不管要好。但你也应该做好失败的准备。"她还写了以下这段话。

要得出一个一般性的结论，需要进行大量的反复研究工作：涉及错综复杂的概念开发、宏观和微观理论的研究，以及观察、实验、分析、建模、推理、反面评估和严格测试。一个令人称赞的一般性结论，必定是基于大量的支持工作之上的。

综上所述，英国青少年怀孕率的事件，对于我们理解巨大变化的成因究竟有何帮助呢？我们从中有何收获呢？

首先，在社会背景下，即使发生了迅猛而巨大的变化，我们依然很难确定发生这一变化的原因。而且实际上，变化越大，因果关系就有可能越难以寻找。最重大的事件往往是不同寻常的。而不同寻常的事件则往往源于众多因素的共同或相互作用——这也正是事件变得重大的原因。从本质上来说，这些因素更难以理解。不过，这并不意味着我们没有尽可能地对它们进行研究。在一个充满神秘影响的世界里，研究的严谨性并不能保证结论的准确性。最好的答案也许就是没有答案。

此外，如果这些影响因素中的任何一个在另一个情境下发生了变化，那么整个结果将完全崩塌——板凳翻倒——重大事件就成了最不可能重演的事件。我们从这些事件中所能获取的有用知识十分有限，其他只是我们的一厢情愿罢了。我们还得另寻他法。

其次，无论真正的原因是什么，你会发现人们依然对重大原因情有独钟。一个广受欢迎的重大因果理论，就像一个屡试不爽的高招，有许多优点：更容易宣传，更容易描述，更容易理解，更容易付诸实践。但是，至于我们选出的这个理论在另一个情境中是否能独自发挥作用，那就另当别论了。高招奏效一次都难，更别提两次了。

我们无须再进一步深究，我坚持认为没有什么重大理论能够独立或重复发挥作用。再次重申，我们所讨论的重点是那两种答案的问题。我们时而了解事物的缘由，时而又完全无法知晓。但是，哪一个更吸引人呢——是那个宣称我们知道真相且知道如何改变周遭世界的简单明了的答案，还是那个我们对其一无所知、毫无信心的神秘答案呢？在我看来，我们已经尽最大可能地去寻找第一个答案了，但这个世界却常常悄悄地、迂回地向我们提供第二个答案，并且在我们声称发现了一块关键性拼图时，微微一笑。

▌不存在可借鉴的成功案例

在商业领域，有这样一个极为突出的成功故事，即使在 50 多年之后，人们依然在寻找其成功背后的那个明确的原因。此事发生在 20 世纪 60 年代初，讲的是本田成功打进美国摩托车市场的故事。本田的摩托车主要在亚洲销售，并未涉足美国市场，而在当时，哈雷·戴维森（Harley Davidson）和其他老牌摩托车厂商则牢牢占据着美国市场。1959 年，本田首次试水美国市场，但这种半推半就的推广几乎未对其他厂商造成任何威胁。本田在美国销售团队的营销预算几乎为零。时任本

田美国市场主管的川岛喜八郎说："当时并未制定任何营销策略，我们只是想看看是否能在美国卖点什么。"他们对成功根本没抱多大期望。

在短暂的停滞期过后，本田的销量一路飙升。一眨眼的工夫，本田的产品从无人问津变成了风靡全美。到了1965年，在美国，每一秒都有一辆本田摩托车被售出。关于这一商业奇迹为何会发生的争论，一直延续至今。是因为他们调整了策略，迅速从期望在现有的大型车市场分一杯羹，转为用小型车去开拓一个新市场吗？是否因为有人偶然看见本田的员工骑着小型车，从而致使某位零售商联系了本田，请求为其代售商品？这个奇迹是营销天才的杰作吗？（"好人开本田"——据说，这句广告语是某个本田实习生的主意。）是因为本田能够迅速调配其庞大的资源吗？这是上述因素共同作用的结果、部分作用的结果，还是与它们都无关呢？本田在美国的故事是所有商业案例研究中著名的案例之一。但照理说，它至少能让我们从中有所收获吧。如果找寻某个成功的商业案例背后的原因需要花上数十年的时间，那么也许这样的一个原因根本就不存在。也许，这是无数变幻莫测的微小因素在正好合适的情境下，以独特的方式，共同作用的结果。本田在美国取得突破所需的全部条件难以再现，因此，这座成功的丰碑无法精确地向我们展示任何未来行动可借鉴的成功模式。经济学家约翰·凯说："根本没有所谓的真实案例，争论其背后的原因毫无意义。"

本田的案例是否是个例外？唯独它是格外难以捉摸，且不具有借鉴意义？不，我们常常无法从突出的事例中吸取到任何经验，这并不罕见。要理解这一点，首先应该注意到：有许多研究都是关于所谓的"幸运"因素在商业成功中所扮演的角色，而这些研究通常会引起对其他解释的怀疑。有两位研究人员也进行过这类研究，他们分别是华威商学院的刘成伟[2]和剑桥大学的马克·戴·隆德。他们在一份研究报告中写下了以下内容。

尽管个人和组织机构都倾尽了全力，但他们发现依然很难预测出他们设计的方

---

[2] 此处为音译。——译者注

案的结果。当我们以为会有好结果时，主流媒体的头条却又被众多企业失败的案例所占据，对此我们又该做何解释呢？即使是事后来看，那些研究组织也很难找到解释那些企业一定能成功的确凿、全面的原因。

若全是"运气"使然，那你一定会想，企业高管们怎样才能证明他们的薪酬是合理的呢？这样想的不止你一个。绩效与能力的关系是管理学上争论最多的问题。但同样地，假如事情出了差池，你也会想，这些企业高管们是否应该受到如此多的责难呢？

我们要做的，并非试图解决争议，而是从某种程度上来说，接受商业成功的事例中常有不确定因素的事实。这进一步表明，这些因素在更重大的成功事例中往往起到更重要的作用。首先，小成功往往能带你走上大成功的康庄大道，这源于"富者更富"假说。例如，第一个获得新市场利基的人，就已经抢占了先机，从而可以进一步扩大自己的优势。因此，哪怕最微小的条件也能转化为巨大的优势。其次，非凡的成功往往需要非凡的环境。

有关环境力量的一个典型事例就是比尔·盖茨，如果没有下列环境因素的影响，他可能根本无法取得今天的成就。例如，他出生在一个富裕的家庭，这使他成了拥有电脑的那 0.01% 人中的一个；或者，他的母亲认识 IBM 公司的董事长，这可能有助于他签下了那份确立微软公司优势的合同等。

华威商学院的杰克尔·邓雷耳说："非凡的表现会引起人们的注意，但是，非凡的表现意味着其必定受到了特别高层次的噪音影响。"如果他是对的，那么伟大成功的背后绝不可能只有一个简单的故事，企业高管的雄才大略如此，那些可以普及的经验更是如此。

▌蓝狐之谜

2016 年，莱斯特城足球俱乐部（蓝狐之队）出人意料地成了英格兰超级联赛的冠军。那是一个辉煌的赛季，整座城市陷入了狂喜之中，整个足球世界也为这支弱旅的夺冠惊叹不已。这个俱乐部从未取得过如此伟大的胜利。在赛季初，他们的夺冠赔率是 1 赔 5000。

哲学家以赛亚·伯林有一句名言："狐狸知道许多小事，而刺猬只知道一件大事。"那么蓝狐们是怎么做到的呢？确切地说，胜利背后可能不止有一个重大因素。大家一致认为，夺冠的一个关键因素是他们的大功臣——深受爱戴的教练克劳迪奥·拉涅利。只不过，球迷们都知道，在接下来的那个赛季刚开始不久，拉涅利就因为球队一连串糟糕的表现而被解雇了。

在他被迫离队前的几个月里，球队的表现一落千丈，这其中因果关系的规律又在何处呢？是球员的原因吗？可在新赛季初，他们依然跟他一起待在队中。在克劳迪奥·拉涅利被替换之后，莱斯特城的状态有所提升，但与之前的辉煌相比，已经大不如前了。

克劳迪奥·拉涅利看上去从不摆大架子，而且的确有很强的执教能力。但他的败走表明，领导力既能创造出惊人的成功，也能创造出惊人的失败，这说明这些事件的发生不可能只与他的执教能力有关。一个如此优秀之人在短短几个月内变得如此糟糕，或者说一个如此糟糕的人曾经那么优秀，这都是几乎不可能发生的事。

有人说"他的作用消失了"。但也许，他的作用从来就没有那么重要。他的球队之所以取得这么耀眼的成就，或许并非只是由于他这一个重要因素，而是由数千个与他密切配合的微小因素共同作用而成的。这些神秘的无形因素包括赛季初合理的预期、关系和态度的转变、队内发展出的友谊或敌对情绪，以及其他球队随后针对这支足坛新贵改变了比赛战术、转变了对他们的态度，等等。甚至连球队在赛季中去迪拜的一次度假也被认为是一个因素。所有的因素曾一度紧密地凝聚在一起，但之后，这种情况不复存在。克劳迪奥·拉涅利的确配得上人们的称赞。但我怀疑，人们对他的评价过高了，仅凭他的能力还不足以让其他俱乐部复制这一成功，尤其是他甚至无法让同一个俱乐部在另一个赛季继续延续这一壮举。成功背后的重大原因不是某一个原因，多种因素共同织就的这张因果关系的大网之所以断裂，是因为缺少了什么呢？我们永远也无法知道。因为，尽管这个人不难看清，他的故事也不难讲述，但在他周围与他紧密结合的另一半故事，我们却无法轻易看透。

　　商界对非凡成功的事例钟爱有加。向最成功的企业看齐，找出他们的做法，吸取他们的经验，依葫芦画瓢。这一切听上去很合理。成功案例具有极大的吸引力，《我是如何成功的》这本自传的销量就能证明这一点。他们说"我所做的一切，对你同样适用"。莱斯特城或本田的故事证实了杰克尔·邓雷耳、刘成伟和马克·戴·隆德的另一个发现：无论我取得了多么大的成功，这些经验对你可能再无用处，下次我再度尝试时，这些经验对其他人，甚至是对我自己，都可能毫无用处，因为成功的背后绝非只有一个因素，而是某个因素与许多其他因素偶然的结合。它只适用于那个神秘的特殊环境，许多最伟大的成功往往诞生于此。

8. "例外"才是决定性因素

不可忽视的暗知识

虽然每个人都知道自己难免犯错，但很少有人觉得有必要采取措施防止自己犯错。

约翰·斯图亚特·穆勒

《论自由》，作于 1859 年

从前，有一个农夫和一只鸡。每天，农夫都会到农场来喂鸡。于是这只鸡每天都期待着农夫的到来。直到有一天——那是圣诞节的前一天，农夫拧断了它的脖子。

这个农夫与鸡的故事，出现在了伯特兰·罗素于 100 多年前所写的《哲学问题》一书中。他认为这表明"当某件事重复发生了一定次数之后，动物和人类就会因此而期盼它会再次发生"。

罗素十分同情这只鸡——至少是同情它的智商有限。即便如此，他依然暗示这种行为是愚蠢的。然而，这只鸡养成了习惯，之所以在那灾难性的一天依旧盼望着被喂食，是因为之前它一直被喂食。这一事实真的那么糟糕吗？

我们可以证实鸡具有良好的判断力。哲学家南希·卡特赖特开玩笑说，通过对在农场喂养的鸡和（在夏季）放养的鸡进行随机对照试验，可以证实鸡的信念有多坚定。

无论如何，期盼生活中能有一丝规律可循，这有什么不对呢？这似乎无可厚非。事实上，如果不这么做，难以想象我们该如何生活下去。试想一下，假如一切都毫无规律可言——假如你的工作一夜之间就变了，而且每天如此；假如朋友毫无征兆地反目；假如你平时睡的床突然不再属于你；假如逮捕犯人就像中彩票。“那生活就将嘈嘈乱作一团。”另一位哲学家威廉·詹姆斯如是说。昨天帮助我们认识世界的任何规律、力量或习惯，在今天可以继续被沿用，这种观点似乎远没有那么荒谬。罗素所说的“纯粹的事实”，即过去发生的事情，是我们所掌握的能够证明未来将发生什么的全部初始证据。未来不会给我们提供任何证据，这是毋庸置疑的。

从相信给我喂食的人不会杀我，到之所以进食是因为我们知道食物可以果腹，到之所以给汽车加油是因为不加油它就跑不动，到我们如何抚养孩子，经营事业，打仗，建立关系，吃药，通过立法治理国家……所有这些，都有证据证明我们今天所做的是对的。我们从昨天学到的经验中找到了答案。否则，如果不依靠规律而活，我们又怎能知道该做些什么呢？简而言之，如罗素所言，我们很像那只鸡，我们都靠规律活得很好，只不过那只鸡最终惨死了。

这个故事表明，认为我们所掌握的因果知识足够可靠且可以普适，这种观念往往是根深蒂固的，也是不可或缺的。但它同时也表明，在面对那些我们不知道自己对其根本不了解的因素时，我们的期望是极易落空的。南希·卡特赖特半戏谑地说，一个随机对照试验就能证明鸡的坚定信念。她是想指出，你只有了解有关农夫行为、农场社会结构和圣诞节习俗的诸多具体细节，才能理解你所看到的每天都有人喂鸡的现象究竟意味着什么。所有这一切对那只鸡来说，是极为重要的暗知识。它可能需要我们追溯到农业问题，并调查一切相关内容，只有这样，我们才能确定哪些是真正的有关因素。

在这方面，一个理智的人和一只理智的鸡之间的唯一差别在于：人知道自己对因果关系的直觉可能是不可靠的，我们知道，或者说理应知道，存在着暗知识因素；而鸡甚至连这一点都不知道。如果不能意识到我们无法掌控全部的相关细节——即无法意识到总会有隐藏的影响因素，那么我们就真的与在地上啄食的无知的小鸡没什么差别了。

我已经尽可能详细地解释了暗知识的概念。本章将进一步借用一系列证据表明，我们往往倾向于忽视这暗知识，主动放弃我们相较于鸡的优势，转而选择不顾

一切地冲进农场。

哪里可能会出错？

有证据表明，人们无法理解事物运行规律且拒绝承认这一事实的现象普遍存在。在这类应该引以为戒的事例中，政府和政策是典型的例子，政府犯下了无数错误，留下了无穷后患。政府在宣布某项政策时，常会解释该政策将如何令我们的生活蒸蒸日上，但却几近刻意地闭口不谈那些未知因素，结果政府扳动政策的拉杆，却并未见到其所承诺的那种效果。从试行欧洲货币联盟的制度，到购买一艘新航母，事情从未按计划进行。关于如何解决犯罪问题，降低青少年怀孕率或解决教育问题，人们一直争论不休。即使政策有科学依据，也无法确定潜在危险的程度。例如，你被说服购买柴油车是为了减少对环境的危害，但事实证明，柴油车对环境的危害更大。

面对如此大的不确定性和一份不可靠的过往记录，你会期盼在制定政策的过程中，除要有雄心壮志外，还要有谨慎谦卑的态度。这样至少可以表明，我们认真考虑了自己的局限性。但是，当我随机浏览了英国的一周新闻时，却发现根本找不出一丝谨慎谦卑的迹象。

例如，有一则报道称，政府在承诺"新增300万学徒，让年轻人有可以取得成功的一技之长"之后，便计划普及学徒制。而这项计划需要通过向企业征收共计28亿美元的税款来买单，使之成为英国新工业战略的一部分。政府的意思很简单：筹集资金用于学徒培训，而学徒培训反过来会提升学徒技能。从因到果，似乎无懈可击，政府说不会有太大问题。但事实上，潜在的可能性太多了。

英国财政研究所（IFS）一直是一个受人尊敬的智囊团队。该研究所表示，该计划的一个意外后果是，现有的培训项目可能也被纳入该计划，从而可以从新的培训项目中申请到培训费用。这意味着人们可以依然延续过去的培训项目，但如今作为一个新计划的一部分，他们的费用主要来源于他人额外缴纳的税款。这种现象被称为"无谓成本"。简而言之,"无谓成本"就是资金投入进去了,但目标行为却没有得到任何改善。英国财政研究所表示,有些雇主将不再对自己的员工进行培训,转而将培训工作移交给该计划,这种做法可能会雪上加霜。该研究所还表示,该计划旨在快速提升学徒数量,但培训质量就难以保证。进一步来说,征税会压低其他劳动者的工资。该研究认为,政府在通过这项决议时,一定是用"漫不经心的"态度来对待相关数据的。但政府驳斥了这些批评言论。数周之后,一个由国会议员所组成的委员会重申了该项计划。

或许在某些人的内心深处,也有这样一套假设机制:"假如我把钱用在我想要的东西上,那我就能得到它。因此,假如我通过征税的方式,强迫其他人也把钱用在同一件事情上,那么我就会得到更多我想要的东西。"

这种说法也许没错,但有一个前提,那就是你的假设机制中的所有其他人都能够完全按照你的想法来行事——他们都愿意无私奉献。关键在于,当面对这么多的未知因素、这么多合情合理的质疑,以及一份这么糟糕的政策记录时,我们对政策能有多少信心呢?这说明,在面对许多微妙的目的和算计时,我们的政策将是极其不堪一击的。面对如此脆弱的政策,过度自信是万万不可取的。然而,过度自信对于政策制定者来说似乎是司空见惯的。

在同一个星期,苏格兰的一项针对积极父母教养项目的研究表明,该项目对目标群体的影响几乎为零。积极父母教养项目是一项虽然昂贵,但据报道称可以有效提高儿童心理健康的项目,且得到了过去数项研究的证实。研究所收集的,是在格拉斯哥市实施该项目前后 6 年间的数据,涵盖了 3 万多个家庭,结果发现,4 ~ 5岁儿童在社交、情感和行为发育方面并没有发生任何变化。这一事件可以表明,政策可以具有极大的不确定性。

后来,英格兰北部的一个小镇传出了这样一个故事,说的是当地政府决定拆除所有中学,以搭建的"学习中心"取而代之。据报道称,"学习中心"里没有教室和走廊,只有被称为"基础区域"的大片开阔空间,这些空间被可滑动开关的帘子分隔成不同的区域。没多久,孩子们就给它取了个绰号叫"古怪的仓库"。该报道还补充道:"每个孩子的不良行为不是被其他同班同学所目睹,而是会被半个学校的同学看到。由于老师们都使用步话机，所以关注孩子们的动向成了一个主要问题。"

英国当地的高级教育官员显然坚信，大多数孩子都拥有一种特殊的被称为"动觉型"的学习方式，"相比于坐在书桌后面，他们更需要运用肢体和感官来试错"。

数周后，在一封写给《卫报》的公开信中，多位神经学家和其他人士抨击了被奉为"神经神话"的学习方式。突然间，这种风靡一时的学习方式，这个一度被认为是全新的、伟大的、明确无误的事物，跌下了神坛。政府以为自己了解它，便以惊人的自信去践行。据报道，该学习方式使得许多区域的情形变得十分糟糕，最终导致其中一个区域出现了"教师士气低落，学生不知所措，教育水平进一步下降"的结果。

大约在同一时期，我应邀参加了一场有关如何提高政策精准度的研讨会。会上发言的，都是在政策制定领域有卓越贡献的，或者是在英国中央政府及高级公务员队伍中有丰富经验的有识之士，他们接连感叹政策往往难以达到预期。大家一致认为，倘若哪天政策真能发挥预期的功效，那真是千载难逢的稀罕事。另一个共识是：这一事实依然无法让那些惯于发出豪言壮语的政客学会谦逊自持。

我曾与一位公务人员交谈过，他在伦敦某区政府供职了 20 年，按照这一工作年限，他算得上是一位极其成功的高级官员。他指出，如果你的政策需要取得 4 项阶段性成果，每项成果的成功率为 25%，那么全部 4 项成果共同发挥作用——即该政策取得成功的数学概率还不到 1%。另一位政府高级顾问说，政府所期盼的能将政策转化为现实的方式都是"老掉牙的"。给人的印象是，所有人对这一点都心知肚明，并且在研讨会上可以公开讨论，但那些政府官员却不能或不敢公开承认这一点。

2017 年，英国的智库——政府研究所发布了一份报告，该报告称不断的政策更替正在导致大量的浪费并阻碍了国家发展。政府研究所针对 3 个不断发生政策更替的领域进行了调研，其中之一就是产业政策领域——前文提到的新学徒税制就源于该领域。政府研究所表示，在过去的 10 年里，英国陆续推出了 3 项产业战略。

一个平均寿命只有 3 年多的产业战略并不能表明我们对事物运行的规律有充分可靠的认识。英国首相特蕾莎·梅（Theresa May）③ 也许的确相信最新的产业战略将长期支撑英国的发展，但是假如让你来负责具体实施，你会发现根本无法让这些战略更快地发挥实效。我们对政策制定者所承受的压力感同身受，但也意识到，政策的制定漏洞百出，政策的实效被过分夸大了。

政府研究所调研的另一个领域是继续教育领域。该报告称，在过去的 30 年间，共有 48 位国务大臣主导了 28 项与继续教育相关的重大政策的制定工作，他们也许都曾言之凿凿地宣称哪些做法一定能发挥实效。

这是有关政策制定的尽人皆知的秘密：政府一边告诉我们这样或那样的新政策将会令我们的世界变得更好（因为政府对个中规律了如指掌）。而实际上，这一政策很可能在下周三就遭遇滑铁卢，然后在民怨沸腾的一年后被废除。被废除后的一星期内，政府又早早地宣布用另一项新政策来取而代之，并配上一番新的华丽辞藻来解释为何新政策更能发挥作用。

我并非要指责任何人的无知，无知是意料之中的。但问题是，我们是否沉迷于不懂装懂。对此，美国经济学家查尔斯·曼斯基创造了一个术语，叫"不可信的确信"，即人们看上去深信不疑，或者希望表面上如此，但实际上，他们的确信是不可信的。当正反双方带着各自的"确信"各执己见时，曼斯基就将这种现象称为"确信的争斗"，他说但是双方都不想考虑的，是模糊性的存在。

我怀疑，他会像我一样也认同，蒙昧状态是人类的自然状态。无法确定地掌握规律和无法掌控事物运行是一种常态。相关例子有很多，以最新的经济学难题为例，生产率的增长是一切经济繁荣发展的根本之源，而我们却难以确定其发生变化的原因。经合组织的一份报告显示："近期，多个经合组织国家的劳动生产率（增长）创下了自 20 世纪 50 年代以来的历史新低。"在英国，这一数据从 2008 年的年均约 2% 变为了自 2012 年至 2018 年 6 年间的总和约为 2%，这绝对是一个不小的变化。美国、德国、意大利、爱尔兰、澳大利亚、日本和其他国家也出现了大幅下跌。这

---

③ 特蕾莎·梅是英国时任首相，现任首相为鲍里斯·约翰逊。——译者注

并不仅仅是全球金融危机的恶果，这种下降趋势似乎早在20世纪初就显露端倪了。

没有人预见到了这种情况的发生，没有人知道它发生的准确原因，没有人知道这种情况是否还将继续，有些人甚至怀疑该数值的下降是否真的达到了我们所认为的程度，它可能只是我们的测量方法所塑造的一种人为假象。同样地，我们无法准确地知晓个中缘由也是意料之中的。真正应该受到更多质疑的是：每一篇评论的主题几乎全是"这都是因为……"的解释和"政府应该……"的言之凿凿的解决方案。生产率是经济学家们最关注的核心问题之一，"从长远角度来看，它几乎就代表着整个经济学。"另一位经济学家保罗·克鲁格曼这样说道。它是大量研究和经验知识的主题。然而，对于导致现状的原因，我们所知甚少，甚至都不能完全理解此时的具体状况。

这些都是十分宏观的问题，它们所揭露的不确定因素也很多。但如我所言，这仅仅是其中的一个例子。来看看慈善领域，一家出于道义（如果他们真是这样）开展援助活动的慈善机构——乐施会，被指控掩盖一起性虐待丑闻，他们试图维护名誉的做法似乎反而严重损害了自身名誉，并牵扯出了一连串针对他们所实施的骚扰、恐吓、种族歧视、和其他不当行为的指控，这些控诉随后迅速蔓延至其他援助机构。外在的道德自信似乎掩盖了内在的道德混乱——一个组织否认了自身的蒙昧无知——全然没有意识到潜在的灾难性后果。

接下来，以商界为例，一个又一个知名企业（它们的管理者个个信心满满，他们告诉你他们知道自己在做什么，并因此获取了高额报酬）犯下了一个个令你难以置信的错误。某公司（卡里利恩公司）以蚀本方式承接了大量工程项目，以至于突然破产，成为英国近年来最大的企业破产案。另一家与其他公司一样强调品牌价值的公司（大众公司），却在某件引人瞩目的公关灾难事件（大众柴油排放门）中自毁品牌，该公司在产品性能方面欺瞒消费者和监管部门，最终危及整个企业的运营。有的公司（乐购集团）遭遇财务丑闻，致使股价暴跌；有的错误定位了某个产品或新兴市场，投资以惨败告终；（这方面事例众多，东芝及其高清DVD产品就位列其中。）有的忽视了近在眼前的可能带来灾难性后果的风险（英国石油公司和深海地平线事故）；有的错误地在某项企业兼并或收购中投入巨资；（这方面的事例也很多，其中规模最大的收购案之一，便是苏格兰皇家银行对荷兰银行的收购。）还有的将全部身家都押在一套被认为可以分散风险从而使风险更可控的金融体系上，结果却事与愿违——将暴露性风险扩散至各处以至于威胁到整个经济体的安全。全球金融危机爆发前，全世界大部分金融服务行业都有所行动。当然，也有许多商业决策收到了回报，有些甚至达到了预期的效果。而那些没能看到成效的显然在事前并未料到这一结果。但是，假如我们坚信自己深谙世事之道以至于可以掌控自己的命运，驾驭变革——无论是制定政策、领导企业，还是许诺进行变革——诸如此类，我们越是坚信自我的认知，就越是否认这种认知的局限性。

就我个人而言，我希望能来一场不那么自信的公开对话，更坦诚地谈论那些在我看来重大又明显的不确定因素。当我向一些颇具政治头脑的朋友提出这一建议时，他们都劝我别这么天真。他们也许是对的。

如果将不确定性引入政商两界的考虑范围，那么我们应该会看到一批更加手足无措的政客和商人。毕竟到头来，也许我们都注定要冲进农场，去赴我们与农夫的那个约会。

▌ 危险的智慧

人类是且必须是惯用因果推理的因果论者。当相同的因果关系在一天内重复上演了 1000 次，我们便从中看到或假定其具有规律性，并认为找出日常生活中的规律机制并非难事。

我们需要这种能力来应对日常生活，在治理国家或解决婴儿死亡率方面就更是如此。缺少了这种能力，我们连马路都过不了。因果关系被称为万事万物的黏合剂。若因果关系不存在，那什么也不会发生。至少，它是我们精神世界的黏合剂。因果推理就是我们理解存在的现实性的过程。它是人类日常智慧的一部分。

因果关系在简单的机械关系中表现得最为直接，如球如何打破窗玻璃，或者我相信是刹车使我的自行车慢下来的。在这一层面上，我对因果关系是确信无疑的。

我从过去的经验中找到了某种机制，认为它是行之有效的，最重要的是，它的确永远有效。

我们对规律的探索和不成熟的因果推理同样也延伸到了人类生活中错综复杂的角落。例如，怎样做才能培养出乐观且适应能力强的孩子？如果你这样对待他们，他们会以那样的言行予以回应吗？或者由此联想到更多其他方面的问题，如人类的整个社会、经济和政治生活中，那些与人类息息相关的因素，包括他们的健康、教育、工作和事业、犯罪、交通、养老金等，它们之间究竟存在什么样的因果关系？

也许我们会说，事物的运行方式与社会的组织结构有关，这常被认为是一条普遍真理；或者真正的奥秘被谱写在我们的基因里，在世界的每一个地方，相同的基因总会产生相同的影响；或者是人类的饮食、心理、性格、技能、教育、后天的努力或经历塑造了事物的现在和未来。也许这些都是诱因。也许将世界塑造成如今面貌的，是全球化、历史、资本主义或社会主义，种族主义或性别歧视，男人，社会不公，政府，好的或不好的规划、政策、管理，领导，经济衰退，大制药厂或大食品公司，媒体……简而言之，我们热衷于对现象进行解释。我们常把"这都是因为……"挂在嘴边。之所以会这么说，是因为我们以为自己从过往经历中找到了证据，证明事物就是这样运行的。

接着，因为我们知晓了事物运行的规律，所以自然也知道如何改变它们。我们说，只要拉动这一与世界相连的杠杆，只要颁布这项政策，就将改变事物的发展方向——因为我们对事物运行的规律了如指掌。

简而言之，几乎人类所做的每一件事——从踩自行车刹车和打破窗玻璃到抚养孩子或全球治理——都依赖于我们对规律的信念。"事情将会这样发展，事情将很可能像这样再次发生"。人类认知的基础不过如此而已。

从另一方面来看，我们精神世界的黏合剂显然并不牢固。正如我们所发现的那样，我们对于事物运行规律的信念总是出错。所以，我们的困境在于：人类杰出的、基本的、不可或缺的智慧本能——那种用某一事实来解释其他事实，分析不同模式、秩序和规律及因果关系的直觉天赋——却往往是我们的失败之源。所以，当这些我们一天给予 1000 次信任的神奇本能习惯性地令我们陷入困境时,我们该怎么办?

我认为我们不该苛责这种本能,因为它太珍贵了,我们太需要它了。从严格意义上来说,我们也不能将其定义为一种认知局限;相反,它能迸发出惊人的创造力和智慧。只有在以下情况下才能说我们有错:我们不能意识到或不能践行这样一个真理,即存在人类才智所无法解释的暗知识。因果世界中的某种复杂联系往往是我们永远无法轻易感知的。

也许正如萨缪尔·约翰逊所言:人类更需要的是提醒,而非指导。我们或多或少都明白这一点,但却又常常将其抛在脑后。下文要讲述的,对我们而言就是一个警示。这两个故事将表明,当人们忽视了暗知识时会发生什么,并提醒我们由此而引发的后果会非常严重。它们一个是英国脱欧事件,另一个是唐纳德·特朗普的故事。

▍例外的复仇

2016 年,经济学家阿南德·梅农曾发文,讲述了他在英国游说介绍脱欧可能带来的经济影响时的经历。当他来到纽卡斯尔市的时候,他将宣讲重点聚焦于宏观经济图景——即如果英国离开欧盟,那么英国经济会发生怎样的变化。

他说:"大部分经济学家所预测的英国 GDP 的降幅,将使一切通过削减向欧盟缴纳的费用而节省的金额相形见绌。"

这一观点并不新奇:假如 GDP 增长受挫,那么削减向欧盟的缴费给国民账户所带来的红利根本不值一提,因为在那种情况下,公共财政在税收方面的损失将远高于不向欧盟缴费而节省的开支。梅农说。随后,他的讲话被"人群中的一位女士"打断,她说:"那是你们该死的 GDP,不是我们的。"

顾名思义,英国的 GDP 在一定程度上反映的是英国的整体情况。但那位女士的话也有一定道理。英国的 GDP 是一个宏观的大图景,由许多更小的部分所组成。从宏观整体的角度来看问题很容易使我们对其中每一个组成部分产生误解——

因为可能有些地方繁荣而有些地方衰败，但它们都不会与平均值完全吻合。所以，正如阿南德·梅农所言，在脱欧之后，英国 GDP 未来的潜在增长的确可能会受到冲击，但对于那些不指望能分享这种增长红利的人来说，脱不脱欧又有什么关系呢？

人们常说，能看清大局是一个优点。这毋庸置疑，但这种能力也会带来危险。有些事是大图景无法呈现给我们的，如那些可能隐藏在暗影里的、在色彩的每一次变化中呈现的细节。大图景也是人类知识宝库的组成部分之一，就像组成它的每一幅小图景一样。

对此，可以这样说：我们并不是以群体或平均水平生活在一幅大图景中的。我们生活在特定的地方，有着不同的生活。早晨 7 点 35 分起床，穿上条纹袜，按照孩子们的喜好准备不同的早餐粥，然后在沿着 A41 公路前往赫默尔亨普斯特德的途中，经过了上次那个"白痴"超我车的地方……。我们生活在一个充满细节的世界里，以更小的群体为单位生活在更小的图景中。

问题在于，假如我们不够重视这些细节，将会发生什么。假如个人生活那充满细节的小图景与国家描绘的大图景不一致，那人们还会相信官方发表的言论吗？还是说他们会反对宣扬这些言论的机构，并直言："我不是那样的，我的家庭不是那样的。"大图景沦为众矢之的——"那是你们该死的 GDP……"英国脱欧会是我们忽视特殊性所造成的一个恶果吗？

经济学家戴安娜·科伊尔说，区域差异"没有出现在公开辩论中的原因在于，官方公布的 GDP 掩盖了不同区域和群体间发展失衡的现象。在脱欧公投之前，英国各地连最新的区域 GDP 数据都没有；直到近期，官方才开始公布相关数据"。

英国央行和英国国家统计局已经开始担心一些人所说的"粒度问题"——即汇总数据掩盖了当时当地的个体数据——并开始探索新方法，来展现经济发展并非一个独立事件，而是由许许多多的小事件所组成的。"粒度问题"也就是隐藏在大图景中的那神秘的另一半。

英国央行副行长安迪·霍尔丹曾于 2016 年夏发表过一次演说，题为《谁的复苏?》。他说，在他游历全国各地的路途中，有一个现象令他感到震惊：经济复苏的言论与许多地区的经济状况并不吻合，宏观数据必须被拆解才能反映出这种多样性。

综上所述，这些被拆解的数据可以更详细地反映出英国经济复苏的具体情况：这种复苏，对大部分人来说是缓慢而微弱的，对许多人来说是局部的、不公平的，对有些人来说则是无形的、未完成的。这种不均衡的经济表象，有助于协调宏观数据和我在走访时所看到的微观事例之间的差异——即"复苏之谜"。

但恕我直言，安迪·霍尔丹的这个谜题令人困惑之处还在于，为何这会成为一个谜题。有关经济发展的每一个故事必然都会发生在特定的情境中，会受到地理位置、年龄、就业、教育、性别、房屋所有权等因素的影响。宏观数据是抽象的数据，几乎可以被无限拆解，而在宣扬那些高度分化的政策效果之前，我们也理应对宏观数据进行拆分解读。同样的政策在不同地区可能会产生不同效果，对不同的群体可能会带来完全相反的影响。即使宏观数据似乎一目了然，但拆解之后仍可能难以找到任何因果规律。

在那次演讲中，安迪·霍尔丹还解读了他人所谓的"地面的真相"，并将其与他所说的"从 30000 英尺高空所得出的观点"进行比较。他注意到，自经济衰退以来，英国始终保持着较低的失业率，就业机会充足，收入不平等的情况持续减少，但大部分人依然投票支持英国脱欧——这也许并非完全出于经济方面的原因，而往往与一种被落下或被忽视的感觉不无关系。

霍尔丹谈到了他在诺丁汉与慈善机构的会面，他们探讨了经济复苏的问题。

我的发言被迫停了下来，一群人皱着眉头，向我提出了一大堆尖锐的问题，他们的态度并非都是友善的。"你所谓的复苏究竟指的是什么？"其中一个人这样问道。"我的慈善机构所接纳的无家可归者比 3 年前多了 50%。"在场的所有其他慈善机构也都有类似的经历。无论是食物银行、心理健康问题还是吸毒问题，都呈现出上升趋势……经济复苏的说法显然与他们所面对的事实并不相符。

经济评论员萨拉·奥康纳（Sarah O'Connor）也有类似的经历。她曾探访过博尔索弗（Bolsover），那里曾经是德比郡的煤矿重镇，从纸面数据上来看，当地的经济状况良好。博尔索弗的平均工资的确不高，但当地依靠失业救济的人口比率已经降至英国平均水平以下。然而，"那个酒吧老板说，他使酒吧的全部员工都成了自由职业者，这样他就不用交税，也不用支付最低工资了。教堂里的人会给那些无法得到救济的年轻人分发睡袋，他们都住在废弃的车库里。在商店工作的妇女们都说，当地的零售工作都是兼职性质的，而公交费又太贵，根本不值得坐车到别处去找一份全职的工作"。

那些发出"我的 GDP"的呐喊的人，是那些宣称大图景与他们无关的反对者，是那些被告知要提升眼界并顾全大局的人，他们完全有理由去问凭什么。如果专家们的确无视他们的呐喊，那么民粹主义者抱怨专家们脱离实际的说法就并非空穴来风。安迪·霍尔丹还谈到了"信任赤字"。他认为经济学家们需要一种更好的、像医生对待病人一样的态度，更多地关注"特例中的特殊性——那些地方性的、个人的、局部的差异"。

在此之前，英国人并非没有见识过参差不齐的经济财富分配所带来的影响。但也许，那正是造成这一问题的部分原因。或许人们开始理所当然地认为，这是整体经济增长过程中的必然现象。这些没有被纳入考虑范围的地方财政是否最终找到了一种方法，来扭转被相对无视的局面？

这一点，唐纳德·特朗普或许深有感触——这是我们无视特殊性而得到教训的第二个故事。它同样讲述了微小的差异导致人们的期望落空，继而驱动了惊天巨变的故事。

我们知道，中国的崛起令世人震惊。1985 年，中国制造业出口约占全球制造业出口总额的 1%，30 年后，中国的这一数据飙升至 20% 左右，几乎是美国和德国的 2 倍——且都是在 2005 年前后实现赶超的——约等于全部其他新兴经济体的总和。

中国只用了不到 25 年的时间，就实现了全面崛起，这一奇迹被形容为人类历史上最迅速的财富积累。的确有相当多的人从中获益。不要忘了，中国是一个有着将近 14 亿人口的大国。贸易的确给他们带去了福祉。

所以，在这么多人从改革开放中获得了较大红利的时候，假如存在例外，有些人没能分享到这一红利，会发生什么呢？让我们再来评估一下特殊的、例外的少数群体的影响。

尽管中国的崛起令人瞩目，但事先几乎没有人预测到这一点。1989年6月23日，《华尔街日报》发文预测哪些国家将成为经济增长的领跑者，而哪些国家又将成为落后者。经济学家大卫·奥特尔介绍说："在前一份名单上的，是孟加拉国、泰国和津巴布韦。而后一份名单上，是中国。尽管中国即将像一辆货运列车一样冲击世界，但大部分他国政治经济学家却认为事实并非如此。"如果你想找到能证明人类自负的最直接的证据，就研究一下他们做出的那些预测吧。

但尽管如此，几乎所有的经济界人士都一致认为，扩大对华贸易总体来说还是有利的。因为它为大量人口带来了物质财富的快速增长——这是史上最迅速的财富积累过程——他们的观点有一定的道理。不仅如此，贸易通常可以使参与各方共同获益，因为它使各国得以专门提供其生产力相对较高的商品和服务。

对外贸易并非不会引发行业动荡。这一点经济学家们心知肚明。但奥特尔说，他们想当然的设想是，失业工人们会较为迅速地找到新的就业机会。尤其是在美国，这种情况会更加明显。新企业的出现会填补这一缺口，新工作会像旧工作一样好，任何积聚效应所带来的不良影响都会在美国全国范围内得以消解。所以，行业动荡的确可能会发生，但其影响是可控的。他们想当然地以为，虽然全美范围内的产业工人需求可能会出现小幅下降，但应该不会出现制造业曾经历过的"局部冲击"。通常情况下，每个月将会有数百万美国人失业，但同时也会有数百万美国人走上新的工作岗位。

而此时此刻，在当前形势下的美国，专家们的鸿篇巨制所未能涉及的一个不起眼的小细节，正在悄然成形。奥特尔认为，假如经济学家们曾坚信外贸就是一顿免费的午餐，那么是时候让他们幡然醒悟了。他的研究重点是外贸影响的分布和中美间贸易的全部信息，尤其是哪一方处于劣势，在哪个领域，差距有多大，以及弱势方扭转困局的难度有多大。

他的研究结果恰好说明了小细节能产生多大的影响。尽管贸易这块蛋糕越做越大，但有些人分得的份额却大幅缩水。一些人被迫承担起了外贸的代价，并且这种情况非但没有逐渐消失，反倒愈演愈烈。当中国开始崛起时，许多人从中获益，但美国的一些群体却受到了极大冲击。突然间，现实的发展偏离了我们预期的轨道——由此所造成的影响，比预想的更持久、更严重。

援引大卫·奥特尔所列举的一个例子。他说美国的纺织行业有 1.5 亿的劳动力市场，但却只有 40 万个就业岗位，这一比例太小了。但是这些岗位都集中分布在南部 8 个州的某些郡上。尤其是在一些非都市郡里，超过 1/6 的岗位都出自纺织业。这些地区情况特殊，这正是它们的问题所在。在纺织行业受到最大影响的那些工人又不成比例地分布在文化程度较低的人群中（约 25% 的人高中就辍学了）。这些工人主要是白人。他们比大多数其他美国工人年纪更大，收入更低，且多以男性为主。

假如有人觉得委屈，这完全可以理解。如果他们失业后又找到了一份新工作，那一定是在附近另一家不景气的公司里。然而，受到进口冲击的收入较高的工人，则会转向更安全的行业，而这些收入较低的工人，则只能在受外贸冲击的不同行业间辗转。尤其是男性的收入，往往会受到持续影响。与经济学家们自以为是的预期相反，许多人并没有找到新工作，反而加入了领取救济金的队伍。其他地区增加的就业岗位没能提振这一"疲软态势"。

"我们发现，加剧进口竞争对于共和党争取选票起到了十分积极的作用。"奥特尔这样说道。

共和党的胜利意义重大。一项针对竞争激烈的各州的研究表明，密歇根州、威斯康星州、宾夕法尼亚州和北卡罗来纳州的选民原本会选民主党而非共和党的候选人，假如……在分析期间，中国进口的增长比实际增长低 50%。如果那样，照此相反事实推理，民主党候选人就会在选举团中赢得多数选票。

若此分析是对的——鉴于本书的部分论点是有关因果推理的不足，我们不禁好奇——那么，如果不是中美贸易达到了如此规模，如果不是对华贸易对不同行业和地区造成了完全不同的影响，当选美国总统的很可能就是希拉里·克林顿了。

这会是真的吗？我们无从知晓。那些聚焦部分少数选民群体的前提和假设如果能被满足，选举算法就会产生多种微小的变化，足以诞生一位新赢家。但是，假如大卫·奥特尔和他的同事们是对的——他的观点受到了一些经济学家的质疑——那么这些意外的冲击就成了关键性的因素。在经济领域，当前背景下的这一问题在不同地区产生了不同影响。所谓的经济规律与教科书上的相差甚远，当然也不具有统一性。我们所相信的普遍真理却引发了各种各样的结果，造成了一些远超预期的严重后果，有些集中发生在特殊人群中，而这些可能是我们从任何细节中都无法预测到的。

这种意外情况会有多大影响？你也许仍会说，中国十多亿公民的福祉远比其他地方产生的问题要重要得多——这是生活水平上的重大飞跃，许多地方都成功脱贫。这一点我是赞同的。而且如果明天就终止对华贸易，那么大量已经消失的就业岗位也不会回来，因为其他的形势——如技术的影响——依然在延续。

英国脱欧打乱了当局的全盘计划。特朗普的当选令所有政治智慧蒙羞。这类事件理应让所有人都看清，我们实际所知的远少于我们自以为知道的，被我们所忽视的很可能就会引发下一场动荡。你可以说导致这些事件发生的初始问题都是例外，但别忘了，例外很可能会成为决定性的因素。

当然，出现动荡也不见得都是坏事。对于英国脱欧和唐纳德·特朗普当选美国总统的好处，人们的意见会产生分歧。但谁又能理直气壮地说自己预料到了这些潜在后果呢？我在想，我们不愿承认例外情况的破坏力，是否是为了掩盖另一个动机。更严肃地对待这些例外情况，就等于承认，人类的聪明才智比想象的更脆弱。许多言论都将不攻自破。生活的混乱无序挫败了我们的计划和目标，限制了我们的能力，直逼人类的自我意识。它说："谦卑一点吧，因为我远比你强大。"

9. 如何突破思维定式

人类如此聪明，以至于他们认为有必要发明理论来解释世界上发生的事情。不幸的是，在大多数情况下，他们还不够聪明，无法找到正确的解释。所以，当他们依据自己的理论来行事时，往往就像傻子一样。

阿道司·赫胥黎

《言辞与托词》，作于 1932 年

假设我们不了解暗知识，不知道如何突破思维定式，这并不为过。可接下来该怎么办呢？

任其自由发展不在我们的考虑范围之内，也完全没必要这样。但我们又无法轻易找到解决办法。本书所探讨的正是不规律性，你还能期盼从书中得出什么结论呢？不同的情境需要不同的策略。没有一定能奏效的方法。这依然是意料之中的。接下来要说的是，建议往往是值得一试的。而"尝试"或实验本身就是最好的方法，我们将用最后一个事例来解释这一点。

奥拉西奥·阿塔纳西奥领导着伦敦的智库之一——财政研究所的一个研究小组。他主要负责研究贫困和发展问题。他的研究目标之一，是如何在发展中国家建更多厕所，他的理由很充分：环境卫生可以改善人类的生活。在《柳叶刀》杂志的一项民意调查中，这被认为是在英国历史上对人类福利所做出的最大贡献。让我们再次全面地看待这一问题：更好的环境卫生可以说是英国为改善民众生活所做的最重要的一件事——这是毋庸置疑的。尤其是这件事意味着我们中更多的人得以存活下来。

建厕所这件事并不复杂。前因、后果和证据都清楚明了。然而在世界范围内，仍有十亿多人口蹲在地上大小便。存在卫生环境差和饮用水污染的问题，导致每年出现数以亿计的腹泻病例，无数儿童失去了生命。但目前尚未有定论。其实目标很容易确定，解决措施也不复杂。只需要在全世界多建些厕所就行了。究竟问题出在哪儿？

"因果关系……"奥拉西奥·阿塔纳西奥在2017年的一次演说中这样说道……说到这儿，他停顿了一下。

那个时候，印度政府设定的目标要求每18秒就有一个新厕所建成，且这一工程一直要以这样的速度持续到2025年。印度是个人口大国，虽然这项工程需要花费一些时间，但其必要性是显而易见的。也就是说这项工程才刚刚开始？

"因果关系……是……"阿塔纳西奥试图再次找到合适的语言来表达他的想法……接着他又停顿了片刻……

虽然理论上印度可以按计划修建厕所，并且考虑到该国地广人多，如果动员群众参与厕所的修建，那么实际的修建速度可能会更快。如果群众参与了修建，那么他们就更有可能会使用这些厕所。于是阿塔纳西奥和他的团队走访了这些地区，寻找实现目标的最佳途径。

故事从这里开始变得有趣起来。显然，许多人并不情愿，也没有参与进来。原因似乎很简单，但我们已经知道随意假设可能是不安全的。解决方案可能应该因地制宜，这是显而易见的。所以研究团队提出了一些问题：

人们不修建厕所是因为他们认为厕所可有可无吗？

是因为身边其他人也不修建厕所，即缺少示范的力量（社会认同）吗？

是因为他们没有认真考虑过吗？

还是因为他们经过考虑，认为修建厕所的费用太高？

但如果他们说费用太高，那么他们是否知道修建一个厕所的成本究竟有多少？

（我们所说的是在地上用砖砌的坑洞，而不是修建大理石寺庙。）

或者他们认为，虽然自己手头有一些积蓄，也知道修建厕所要花费多少，但他们并不想把钱花在厕所上，因为他们想把钱用在其他头等大事上？

换言之，他们没有意识到修建厕所的好处，从而认为这样做不值得？这就是他们不想花钱的原因吗？这就是他们说修建厕所太贵的原因吗？

或者厕所原本可能是他们建造的第一个东西，但事实是他们真的缺钱？

结果表明，在大多数情况下，人们只是因为缺钱，或者声称自己没钱。所以也许现在，问题就不难解决了：给他们一笔修建厕所的资金就好了。然而，当拿到这笔资金时，他们往往不会把钱用在修建厕所上，而是拿去购买其他物品。

奥拉西奥·阿塔纳西奥说："因果关系……的确……"

于是，研究团队对某些人说，好吧，你可以得到一笔资金，但你必须先把厕所修建起来。那些人同意了，但没过多久，他们却跑回来说无法借到足够多的钱来垫付修建厕所的费用。于是研究团队说，行，你们可以预支这笔资金，但同时我们要开展一个宣讲活动，尽量让你们理解用这笔钱修建厕所的重要性。那样一来，你们就真的会把钱用在厕所上，因为你们明白了必须这样做的原因。

最终，人们都修建起了厕所。（事实上，整个故事远比我们所叙述的要复杂得多，我们只挑重点来说。）

尽管如此，他们最终还是成功了。但接下来的问题是：这些厕所被修建好之后，真的会派上用场吗？为了解答这一问题，研究团队对项目进行了一次评估，重点关注人们的健康指数和幸福指数是否发生了变化。如今，既然这些社区里越来越多的家庭都有了厕所，那么与过去或其他地区相比，当地的腹泻病例还有多少？婴幼儿的死亡率又如何？如果此例中存在因果关系，即修建厕所会使人更健康，那么这应该可以从项目效果中体现出来。

评估的结果是他们没有发现任何变化。一切丝毫未变。当地居民的健康状况没有任何改善。尽管人们找到了大量证据，尽管专家们在《柳叶刀》或其他杂志上发表了相关观点，尽管有由于缺乏卫生条件而引发腹泻继而导致死亡的人数作为佐证，尽管研究人员分析了人们的动机并尽最大努力了解当地实情，但是，项目依旧没能带来一丝改变。研究团队做了什么呢？他们从头开始，虽有些失望但并不气馁。他们不断反思，优化方案。明明一切有关环境卫生的已知因素都表明该项目应该能带来积极转变，但为何人们的健康状况却丝毫没有得到改善呢？

是否人们搭建厕所的数量必须要达到某个临界水平，修建厕所的好处才能显现出来呢？比如说要达到计划的70%或80%？是否社区里只要有一个人在水源附近大小便，那么所有的努力都将化为泡影？是否人们虽然有了厕所，但使用频率并没有他们说的那么多？如今造成卫生问题的，是否是动物粪便，而非人类粪便？

这些大多都是对细节和因果机制的想象，换言之，都是对低级理论的设想。在验证或衡量某个结果之前，你必须先假设存在这样一个结果，然后再推测其关联度究竟有多少。

终于，奥拉西奥·阿塔纳西奥还是说道：“因果关系……的确是……非常……复杂的。”

到最后，他词穷了。这个问题所涉及的是无数的细节、异常、无形的差异、复杂因素以及出乎预料的结果。它会因时间、地点和实际情况的不同而发生变化。这是人类无法摆脱的错综复杂的困境，斑驳的生命历程会阻碍我们为了理解、描述或改变人类行为方式所做出的一切努力。我们有一种习惯，就是常常像讨论罐装食品一样来讨论人类，而实际上，人类是可以独立思考的生物，他们有主观能动性，甚至还有些刚愎自用。尤为重要的是：面对不断变化的外界压力和日日更新的零碎信息，他们还需要用各式各样的、可变通的理论和价值观，来应对往往是相互矛盾的多重目标。他们生活在各自的小世界里，我们很难估量发生在他们身上的事情，就更别提控他们了，这些事件每时每刻都可能会受到某个模糊但有效的影响。在这个世界里，我们必须在一种永远无法确定的状态下，去不断探寻规律、一般法则和因果机制，我们根本不知道自己可能错过了什么。

这就是求知的真相；它是一场为了寻找普适机制，而发生在数据、理论和假说之间的无休止的斗争，它需要反复地实践、实验，细致入微地观察，还需要随时准备应对有关现实的最实际的问题。这也意味着，面对一张巨大的证据网，我们需要反复衡量，无限推测，对结果进行提问及予以倾听，以及调整方案，然后再重新实验。我很欣赏阿塔纳西奥和他的研究态度：他有耐心、聪明、机智、坚定，不会过分受限于某一个假设。奥拉西奥·阿塔纳西奥无疑比我更清楚，我们起初就像无知的小鸡一样，不假思索地迅速得出结论。诚然，他依据因果关系推理出了不少解决方案，但是在寻找多重影响和潜在机制方面，他仍有很长的路要走。当我最后一次询问他的团队的进展时，他们依然在寻找最佳解决方案。但是，他们已经意识到有未知因素的存在，不过他们非但没有被困难打垮，反而迎难而上，努力克服，正是这些让我坚信他们一定会成功。

我们应该怎么办呢？从此例及本书中的其他事例中，我们可以总结出一些策略，来应对这个充满不确定性的令人生畏的世界。这些策略中的每一条都有人质疑。它们每一条都可以被单独写成一本书或一份研究议程（许多策略的确如此）。我将它们简略地叙述出来——部分原因是希望你们如果愿意的话，可以找到更多的策略而不会浪费时间——主要是想表明，我们可以做的有很多。

1. 实验与调整

经济学家埃斯特·迪弗洛说："实地评估是必要的……因为无论曾经有过多么丰富的经验，无论现有理论和先前的相关证据有多么坚实的基础，人类的直觉往往都不能很好地反映出现实中将要发生的事情。"

迪弗洛说，这使我们很容易犯错。结果是，所有可能的解决方案我们都得一一尝试。这是一种很死板的方法——没有秘密，没有期许，没有推测，没有浮夸的论断——连用语都是单调的。我们向生活提出我们的想法，承认我们的无知，等待它给我们一个结论，等待它的"驳回"。我们的想法可能站不住脚，于是我们准备按照生活给出提示进行调整。我们敏锐地意识到，我们忽略的那个因素可能是至关重要的。我们研究了各个层面，既有高级和低级的，也有宏观和微观的，并注意到，这些对立的层面都可能互为对方的暗知识。

约翰·凯提倡在政治和经济背景下，运用一种其称之为"有序多元主义"的实验方法。所谓有序，是指停止或调整无效方法；多元，是指一次同时尝试多种方法。

这听上去很简单。但是，由于此法一开始就承认我们并不知道最优解是什么，所以它会比想象的要难得多。他认为，市场将"有序多元主义"发挥得淋漓尽致，这是你能找到的最能证明市场务实的证据。我们不必相信市场是公平的或自发的，也不必相信那些自诩为自由市场主义者的人的集体智慧——但市场的确是在无休止地实验。它们不断测试新产品、新服务和新的劳动方式。这是它们的多元性。那些无效的就被淘汰或终止；这是它们的有序性。这是一种令人叹服的特质，但我们对此显然缺少认识。

实验方法同样适用于政策领域——但也有相同的前提：如果方法奏效，就继续；如果方法无效，就终止。不幸的是，一旦政治资本被投入到了某个呼声最高的解决方案上，人们就很难再承认这个想法有问题了。他们会拒绝终止这一方案。如约翰·凯所言，这样一来，就既不多元，也不有序了。实验可以让我们在一个想法上投入更少的资本，不对某个想法做过多无谓的申辩，从而帮助我们摆脱困局。行为洞察小组是一个与政府关系密切的机构，他们正是采用了这种实验方法，取得了引人瞩目的成果。成本通常是微不足道的，回报却是可观的，而过程往往比预期的要快。

政客们对这一说法感到不安。因为这意味着政策制定是从无知开始的，但同时他们已经承诺将给出答案，他们的宣言往往就公布了答案。公众大概也缺乏耐心。然而，正确的实验方法可以提供更优解，或者证明其实根本无解。无论结果怎样，我们都将有所收获。这样的政策制定，就是一个不断发现的过程。人们期望看到的是更具弹性的政策，可究竟能否如愿，谁又能知道呢？

当然，实验方法并非适用于所有情况。脱欧问题就无法用实验方法来解决，因为它只能是一次性。你也无法将一个就业市场搬到实验室里。实验无法取代正常的价值取向；它是一种方法，而非目的。有时，实验方法在伦理层面也是不可行的；你无法随机让某些人陷入贫困，或者随机让孩子们拥有离异的父母，然后看看会发生什么，并衡量某些因素对结果的影响。有时，进行实验确实需要花费数年时间。

但是，从实时更新的新闻网站，对哪个版本的故事能得到最高点击率所进行的适应性测试，到政府测试哪些信息最能影响潜在的器官捐献者，实验的时代正在

向我们走来。研究人员们正在探寻更具创意的方式，来研究人类为何会冒出一些古怪的行为，而这些行为又恰好可以被视为自然实验来加以研究。就仿佛冥冥之中有位神灵说："如果这样做，会发生什么呢？"于是它采集了一个随机样本供我们研究。例如，假如你想研究酒精的影响，那么正好有这样一群人，他们由于基因突变无法代谢酒精而从不饮酒。因为我们可以证明这些人的寿命长短与其他因素无关，所以我们就可以通过研究这个随机样本，来确定不喝酒对死亡率的影响。这个实验几乎是大自然替我们完成的。这种研究方法被称为"孟德尔随机化"。

经济界也开始关注自然实验，因为经济领域发生的现象彼此相对独立，这有利于我们梳理因果关系。例如，假如你能建一面墙，将一座城市一分为二，然后再把墙移除，也许就能更准确地评估房价和城市集中度等因素对经济发展的影响，因为墙两边的民众生活和企业经营都会发生变化，而墙被拆除后，他们又再次融合。要进行这样煞费苦心的实验是不现实的。但柏林墙替我们做到了。有些人轻蔑地称这些研究是"投机取巧"，它们也许无法解答所有问题，但却逐渐成为经济调查的基础。

2. 三角化

如果要进行实验，最好选择正确的实验方法，对潜在的困难给予充分的重视。重现奇迹的破灭表明，我们的实验和分析极易出现疏漏，尤其是当我们只从一个角度分析证据时，所得出的结论很可能并不可靠。如果结论不能普适，更重要的是如果没有严谨的研究设计，那我们就是在浪费自己的时间和他人的资金。一个谨慎的观点认为，应该通过多种途径得出同一结论，如可以借用多种方法对研究发现进行三角化，这一方法得到了马库斯·穆纳福和乔治·戴维·史密斯等人的支持。他们说，旨在从多重角度证实某一观点的研究项目很少见。但是，假如生活确如本书所言，每时每刻的情境都会发生微妙的变化，且常常处于错综复杂的状态中，而假如寻找真正的秩序和规律（即可普适的真理）又因此变得更加困难，那么我们别无选择，只能用不同方法从不同角度来看待问题，以此来检验研究结论是否可靠。这些学者不禁要问："科学治学难道不是本该如此吗？""或许吧，但在如今竞争激烈的环境下，科学家们常常忽视了寻找不同证据的必要性。"他们这样写道。

另一个同样谨慎的观点认为，无论我们采取何种方法，实验结果总是会面临无法泛化的风险。适用于某时某地的推理链条，但凡存在哪怕一个薄弱的环节，这个链条都可能在其他时间或地点失效。因此，实验证据虽有用，但并非总是结论性的。我们必须做好调整方法、重新实验的准备。这些观点的共同之处在于，它们都对伪知识的危险性保持着高度警惕。

3. 培养消极能力

无论必须应对怎样的外部压力，我们都应该有效地压抑这样的一种冲动，那是迫切地想要用任何观点充实我们的大脑，而不愿放空思绪处于疑惑之中的一种冲动。济慈所说的消极能力，即不急于得出结论的能力，也许是另一种远离错误答案的方法。

4. 接受不确定性

暗知识必然充斥着大量未知的不确定性因素。这确实是个难题，因为据说人们厌恶不确定。也许这就解释了，为何当政治领域内旧的论断崩塌或经济领域出现意外时，人们的反应仍然是双倍押注在一些受热捧的确定论断上。在美国，有民意调查的证据表明，政治观点的两极分化越来越严重，因为政见分歧双方都愈发地固执己见，用查尔斯·曼斯基的话说，就是都执着于各自的"不相上下的确信"。这种在充满不确定性的时期抓住确定性的看似矛盾的反应，其实就像抓住沉船的最后一块木板一样自然。

即使是在最终推论中，人们也依然坚信自我的观点，但我认为这些结论往往都是谬见。这表明，无论眼前的情形多么混乱，都只能说明这是其他人犯的错，而此刻的我们，则处在终极验证的巅峰之上，我们各自坚信的重大因素将被证实是真正普适的关键因素。全球金融危机就是一个典型的例子，它使得所有人都志得意满地认为自己对经济问题的看法一直是对的。那些认为是监管不力导致金融危机的人对着其他人的愚见直摇头。而那些认为诱因是监管过度的人则纳闷，为何政府要做出过分干预的愚行。许多人对于最新的社会问题都会有倾向性的答案：认为都是因为移民、新自由主义，等等，并且所有那些否定这一答案的人必将面对最终的事实和真相。当然，事实并非如此。这些人同样在忙着宣布其他完全不同的最终结论。

我有一个天真的问题：是否动荡的时期更会导致……嗯，不确定性的存在。但如果人们真的厌恶不确定的状态，那有什么办法能说服他们接受它呢？我们可以先提几个问题。第一，你想知道余生将会收到的所有圣诞礼物都是什么吗？第二，想知道你会在哪一天与世长辞吗？你回答说不确定又是什么意思呢？那么你为何要说自己不喜欢不确定的事呢？

显然，有些不确定的情况是我所不愿看到的，但其他的不确定，我是可以接受的。当面对可能要进行的手术时，我当然想知道手术是否能成功。但是另一方面，剧透者之所以会毁了一部电影，是因为你提前知道了结局，而你宁愿自己不知道。所以，武断地认为人们都厌恶不确定性，是一个过于笼统的说法。在许多情况下，接受不确定性反倒给我们带来了不少益处。最重要的是，通过抛弃确定性所带来的虚假承诺，我们得以更多地了解这个世界。我们逐渐对新的观点和可能性敞开心扉。从另一个角度来看，确定性意味着无须再考虑其他新的或不同的事物，或者不再公开考虑新证据。如果你觉得这是一种美德，请原谅我对此无法苟同。

令人意外的是，不确定性的其他好处还包括希望。想想罗伯特·桑普森的观点：以犯罪开始的悲惨人生，依旧可以幸运地拥有不可预知的未来。他们并没有被禁锢在终身犯罪这一条路上。他们的未来依然有着很大的不确定性。也就是说，虽然模式和可预见性有时可以给我们提供信息，使我们安心，但它们同时也可能是一副枷锁。有时，没有它们反而会更好。更普遍的是，不确定性可以给予我们自由。

5. 当你在下注时，别忘了……那是一个赌注

我们几乎总是把宝押在自己的知识上。事实上，无论是理论还是经验，无论是原理还是实验，都无法保护我们免受神秘变量的影响。承认我们是在下赌注——尤其是在商业或政治背景下——有助于我们提前考虑潜在的负面影响：如果我们赌输

了会发生什么？在寻找意外结果的过程中，我们能否否定自己的答案？我们常常把自信看作有能力的一种强烈信号。事实可能正好相反——这种自信只是拒绝接受一个事实，即决策往往是在缺乏充分了解的基础上的一场赌注。

6. 揭示不确定性

15年前，我和安德鲁·迪诺第一次谈到了想制作一档广播节目"或多或少"，致力于探讨公开辩论中的一些数据，许多人似乎都声称对这些数据谙熟于心。15年后的今天，这档节目在英国依然很受欢迎。它更换了新的制作团队，由蒂姆·哈福德担任主持人，该节目在英国广播公司全球服务频道播出，全球也有多档类似节目出现。制作这档节目的一个初衷，是想让新闻业对于公开辩论中的那些基于数据的观点秉持更审慎的怀疑态度。尽管我们也赞颂数据的力量，但更常见的情况是，我们必须不断地报道各种事件，来陈述这些数据是如何被那些自称了解它们的人所滥用或误解的。随着时间的推移，"或多或少"节目的影响力或许在逐渐增强。但就其他方面而言，想让人们持怀疑态度的目标几乎还是遥不可及。在我看来，人们似乎依然没有充分意识到，呈现给公众的如此多的观点实际上是多么脆弱，多么不可靠，与此同时，人们也过于担心被他人看作无知者。

我并不是说新闻业不会挑战人们的言论。我们对于一些事件的详情的确会刨根问底。但在太多的其他事件中，我们过于骄傲自满，因为我们以为自己已经掌握了某种知识，于是忽略了它的漏洞。例如，GDP或失业率中的不确定因素有几分，概率如何转化为结论，即使是那些被认为来源可靠的研究结果，它们的错误率又是多少等，这些往往都被视为微不足道的问题。在与采访对象交流时，我们把他们当作理应知道真相的人——并强迫他们假装事实的确如此。

出现上述情形的部分原因在于，媒体和其他人一样，也担心一旦承认不确定性和无知，就会失去权威。但已有证据表明，当我们开始衡量数据中的不确定因素时，人们对数据的信任程度会降低。（这可能才应该是正确的反应。）但对信息传播者的信任程度会提高。从这个角度来看，诚信的回报可以是收获公信力。哲学家奥诺拉·奥尼尔认为信任与值得被信任是有区别的，我觉得这个观点十分有用。渴望被信任和尽力表现出你为何可以被信任是不一样的。后者才是最重要的。

与此同时，记者们需要加倍努力地找寻更丰富的语言，来表达不确定性。但需要明确的是，这一观点并非主张记者们去报道各种稀奇古怪的想法。并非所有观点都有着相同程度的不确定性。有些是完全不可信的。有些相较于其他观点更令人怀疑。关键在于，真假之间的灰色地带比我们想象的要大。

人们在交流信息的过程中还有一个顾虑，就是担心不确定性会被政治对手或商业利益集团当作把柄，用来恶意抹黑可信的研究成果——历史上最典型的例子，就是烟草行业出于无耻的私利，通过让人们质疑科学的方式，否认吸烟有害健康的证据。"人们心中的疑虑就是我们的产品。"一位烟草公司高管在一份臭名昭著的备忘录中这样写道。

因此，人们自然会有这样一种反应，认为怀疑是敌人，是自私者的武器。这样想的后果可能是灾难性的。试图对不确定性秉持不合理的标准，可能使自己连辩解的机会都没有，因为所谓的确定论断往往是不堪一击的。这种做法反而有损于确定论断所试图捍卫的因果关系的权威，而这原本是可以避免的。

气候变化研究就犯了这个错。研究结论其实是极其可靠的，但也存在不确定因素，不过这很正常。因为类似气候这样复杂的系统，根本无法轻易得出绝对明白无误的知识，这是难以想象的。然而，我们必须要制定政策。唯一可靠的做法是，我们以现有的知识尽可能地制定出最合理的政策，而不是试图否定每一种质疑，或者在做任何决策之前要求绝对的确定性。但是，由于担心给反对者可乘之机，研究方发出了数封邮件，试图压制那些有可能否定他们结论的证据，结果邮件被盗，反倒搬起石头砸了自己的脚。我们需要将不确定性从自私者的手中夺回，并使其成为负责任的人的武器。

人们在陈述不确定的言论时，往往带着歉意："抱歉，我不知道答案。"他们本可以更理直气壮一些："我当然不知道那个答案……"应该问问那些因为我们无法确定就攻击我们的人，他们认为自己的观点存在哪些不确定的地方。假如他们认为自己的观点无懈可击，那这些人根本就是不可信的，他们的攻击暴露了他们愤世嫉俗的本质。

7. 驾驭不确定因素

有时，不确定性被用来证明有限政府的存在是有道理的，但这并非要求我们放弃。"少即是多"的观点并非意味着空洞无物。它所倡导的就是字面的意思：主张更高效，主张搭建砖瓦楼房而不是稻草大厦。等真的找到有力的实证时，我们就有充分的理由采取行动了。复杂的因果关系甚至可能会不时地暗示我们，到广阔的领域去多做尝试，因为一次只研究一件事物往往无法预测或确定事物间的联系。

即便如此，我们也应该预料到政策常常会失败，尤其是在缺乏最有力的实验证据或其他证据的情况下。指责某些群体或地方对我们的政策没有做出我们预期的反应，可能会暂时缓解政治压力，但这不是解决问题的长久之计，相反，我们应该做好倾听和调整对策的准备。

从观念分歧的另一面来说，任何相信政府的人都不应该支持做那些会产生反作用的事，或者会浪费政府行动所需的有限政治意愿和资源的事。这原本是不言而喻的，但即使是在最脆弱的证据基础上，也要求政府"做点什么"的迫切心情，往往会令人忽略了这一最低要求。

综上所述，我们确实知道一些事情，其中还包括强大的统计规律。因此，我们得以回顾一些事例。例如，如果你是一个生活在美国的穷困的黑人，那么你入狱的概率有多少。我发现，这种概率高得惊人，以至于我认为，在一种如此系统、如此强大的影响力面前，世界上所有的无形变量都显得那么苍白无力，所以我们有责任去理解并改变这种影响力。据报道，21 世纪初，高中辍学的黑人，其终身监禁率接近 70%。从那以后，这个数字似乎有所下降，一同下降的还有犯罪率，但黑人群体与其他种族群体之间的差距可能有所扩大。

贫困问题是另一个例子。我所了解到的英国的有关数据很有意思。目前，在社会最底层的人中，约有半数的人将从生到死一直处在这一社会阶层中。假设我们相信社会流动，相信人们可以在没有系统障碍的情况下进入上层社会，那么 50% 究竟算多还是算少呢？在社会流动中，许多生命都受到他人有意或无意的约束，这其中是否存在系统障碍，或者是否有可以进入上层社会的机会？这杯水究竟是半空还是半满，你来决定。我认为，半数是不够的，尤其是进入上层社会的那一半人并没能走多远。在我看来，结构性障碍似乎很大，富人家资质平平的孩子往往会比穷人家能力出众的孩子更成功。社会流动的愿景和改变现状的智慧，在一定程度上是基于我们的政治观的一种判断，其他人完全有理由反对我们的观点。然而，即使是一本探讨不规律的书，也不得不承认，许多人都渴望得到认可的确是一条亘古不变的定律。所以，政府并没有变得多余，他们只是变得更谨慎，更专注了。

8. 管理不确定性

我曾经在与一位管理顾问交谈时，被他的观点震惊了。他说，其他人眼中的企业权力，在商界人士自己看来，则更像是企业的诅咒。他们根本不知道将发生什么，也不知道应该如何应对，如何筹划。英国脱欧，互联网，谷歌和亚马逊平台，以及对气候变化、人工智能、迅速转变的公共规范，如突然反对塑料制品的担忧，都使他们手足无措，求助无门。本书的观点与各种现有的商业观点是一致的，即都认为应想方设法地接受而非否定不确定性。当前流行的"敏捷管理"，强调的就是要打造适应力强、能够自主管理的（敏捷的）团队；商务战略也强调要分散风险，进行实验和边际改善，而不再孤注一掷地实行单一方向的大变革；商界开始强调下放决策权，因为核心层面的知识很可能无法应对"当地水管工"所面对的琐碎具体的问题。许多商业思维是无须让首席执行官明白的，例如，如何掌控全局。

关于不确定性对企业的价值，人们最敏锐的观察或许是，没有不确定性，就没有人能真正赚钱。假如每一个决策都可以基于一系列确切的概率而被计算出来，那么几乎每个人都会做出相同的商业计算。因为假如有人尝试做出了他人想象不到的或不敢尝试的策略，我们不知道将会发生什么，只能看看它是否奏效。

9. 不要用概率来掩饰无知

无论多么确定的概率，都不能代表未来的不确定性。新的发明、行为、态度和品味的改变，意味着过去的规律很可能在某个时间以某种方式被打破。从全人类的角度来看，即使是宏观层面的概率也可能毫无意义。我们应该如实陈述——在传播概率知识时，应详细解释他们对不同人群的不同影响。

如果运用得当，概率往往是我们所拥有的最棒的知识。我们应该承认这一点，但永远不要忘记它的局限性。在未来的可能性中会隐藏着重大的变量。这才是概率的本质。

10. 改变比喻方式

比喻对于塑造思维可以起到决定性的作用，而一些机械的比喻常常会主导我们形成因果关系的心理模式。拉动这根杠杆，扳至这个临界点，就能改变世界。那么，我们能否抵制那种将因果关系想得过于简单机械的想法呢？让我们试一试。一方面，我们可以把捕鼠器想成是对关于社会因果性的机械思维的一种拙劣比喻。典型的捕鼠器（如图 9-1 模型 A 所示）是一块金属板，上面固定着用弹簧顶住的金属棒，然后在板上再放上一块奶酪。老鼠踩到板上去拿奶酪，弹片松开，弹簧复原，金属棒就杀死了老鼠。这一系列事件都是环环相扣的。

我们还可以把老鼠陷阱棋盘游戏（如图 9-1 模型 B 所示）当成一个备选模型和比喻，其目的是制作一个极其复杂的陷阱来抓住对手的老鼠。我们小时候经常玩这个游戏。

模型 A   模型 B

图 9-1 因果模型 A 和因果模型 B

参照维基百科的说法，它的工作原理是这样的：玩家转动曲柄，曲柄带动一个垂直齿轮，垂直齿轮又与另一个水平齿轮相连。当这个齿轮转动时，它会推动一个弹性负载的杠杆，直到它弹回原位，击中一只靴子。这样一来，靴子摆动就会踢翻水桶，导致一颗弹珠顺着"之"字形斜坡（摇摇晃晃的阶梯）滚下，进入溜槽。接着，这颗弹珠会击中一根直杆，而直杆的顶端是一个张开的手掌，掌心朝上，上面托着一个更大的球……

不出所料，这类捕鼠器经常失效。再次援引维基百科的说法："捕鼠器通常会在几个关键环节失灵。如果装置没有被水平摆放，或者撞击的力度过大，那么弹珠就会从斜坡上侧翻下来；如果斜坡和溜槽没有对齐，弹珠也可能无法滑入溜槽内；弹珠和直杆的接触可能无法使直杆顶端的球下落；大球可能无法推动潜水小人进入桶内；而桶的移动可能不足以将鼠笼推出；或者鼠笼在被推出的过程中，被带倒钩的杆子卡住了。"

假如一定要创建因果关系的机械模型，那就建立一些严肃的、拜占庭式的机械模型，用更多你无法理解或控制的小部件来塑造一个奢华而精致的装置，并用它来揭示现实生活中的各种神秘变量。假如一定要用因果机制来充实我们的想象力，那就研制出这样一种精巧的机制，使我们可以生动地看到可能出现的失败后果，并认清我们认知的局限。

然后，一旦我们达成了上述目标，就再使这些机制和模型更复杂一些。因为即使是这个复杂得可笑的捕鼠游戏，也只是对因果性的一个粗略的、简化的反映。它并没有体现出潜在的反馈效应、外部效应或意外结果（当球滚进你兄弟的卡片金字塔中，他就成了游戏的赢家）。捕鼠游戏无法人为操纵结果。但这只是一个开始。不要认为杠杆的另一端连接的是一个顺从人类意志的世界，想想捕鼠游戏中转动曲柄之后可能发生的事情。

11. 珍惜例外

故事或趣闻可能是不可靠的，本书中满是这样的事例。美国哥伦比亚大学的统计学家安德鲁·格尔曼与哥本哈根商学院的托马斯·巴斯波尔共同撰文表示，这些事例可能是"选择性偏差的典型例子"；它们使我们有借口去"选择有趣的、意外的、非典型的事例，而无视那些普通的、枯燥的事实，而理应成为我们多数社会科学的基础的，恰恰是这些事实"。另一位统计学家大卫·斯皮格尔特说："我们需要增强对误导性传闻的免疫力。"

单凭一个故事，永远无法证实一条普遍存在的规律。太过于重视某一个事例，忽略与之结论相反的事例，就会再次失败，无法得出普适的原理，无法正确认识事例的价值。证据和事例是不可或缺的，但在这种情况下，极易产生欺骗性。

但是，安德鲁·格尔曼和托马斯·巴斯波尔也对事例的作用进行了有力辩护。他们认为，当事例反映出了某个一般原理的局限性，即当它们成了该原理所无法适用的例外情况时，它们的作用就是极为强大的。"我们把这类事例与其他坊间数据区分开，归入不同证据类别，以此来调和这种明显的矛盾。事例的作用并非是为了佐证某个理论而堆砌证据，而是让人们关注到某个反常现象——某个现有模型存在的一个问题——并作为一个不可变的客观事实，传达出现实的复杂性"。

你无法从单一事例中得出一个理论、一种观点或一条政策。你也无法仅凭一个事例就宣称万事万物是有序运行的。但是，事例可以反映出局限性，并且在证伪过程中扮演合理角色——而证伪过程通常真的只需要一个反面事例就足够了。这也是我本人在本书中罗列众多事例的初衷：希望人们能关注我们的期望和观点中存在的问题，并揭示出现实世界的复杂性。我们一次又一次地从自以为了解的知识中，建立预期，直到遇到大理石纹螯虾这类的事例，才不得不承认我们认知的局限性。

我希望，这些事例一方面，可以给那些试图找到答案的人一些建议；另一方面，可以令人们反思最早的遗传学家威廉·贝特森于100多年前所说的名言："珍惜例外！……让它们永远显露在视线范围之内……例外就像是一个正在搭建的建筑物粗糙的砖墙，它让你明白要做的工作还有很多，还会提示你下一步该如何建造。"

12. 从容以对

你不是这个世界的主宰者，无法一手遮天，翻云覆雨。如果你试图威胁这个世界，让它屈从于你，只是因为你坚信自己可以把事情处理得滴水不漏，那么你不仅会抓狂，还会失败。当然，要严谨，越严谨越好。还要尽可能地坚定信念。有时候这会给你带来回报。但若没有，也请保持冷静。这些隐藏的因素既是你无法掌控的，也是你无法想象的。它就在那里，在你所无法主宰的另一半世界里。它可以为所欲为，而你却可能永远也无法猜透它。

▌为何要探讨暗知识?

暗知识——这一概念源于一种感觉,即认为这种未知的因素似乎并不能完全用偶然性来解释。我的意思是,许多著作的主题都是探讨偶然性和随机性——大多数都是统计学家们警示说我们低估了偶然性的影响——但即便如此,偶然性依旧是研究领域被忽视的课题之一。学者们无数次地试图提醒人们,而人们又无数次地无视这些提醒,这两个事实使我们不禁要问:为何这些提醒没有得到重视,是否有其他方法让人们醒悟?

我怀疑我们无法成功(因为我也尝试过)的一个原因在于,偶然性是一个抽象概念,而"原因"则是一个具体事件,它讲述的是某件事导致了另一件事的发生,这源于我们最深层的本能。当专家们警示说,某件事可能由于偶然性而导致另一件事的发生,这实际上是在试图用抽象概念说服人们放弃对现实事件的信念。这就像试图用一个想法去打开一罐果酱。例如,有一个老笑话说:"永远不要试图跟一个商界成功人士谈运气。"真实事例所展现给我们的,是有血有肉的人物、时间箭头、有始有终的情节、各种名字、戏剧性的转折、情感、希望、失望、成功、强大的主观能动性,最重要的是一条清晰的因果关系线。在许多人的想象中,相较于抽象概念,真实事例显然拥有更大的说服力,这是毋庸置疑的。

那么,我们应该如何戳穿这些所谓的因果故事呢?隐藏的那另一半试图以它自己的方式使它们不攻自破。它营造了这样一个世界,那里充斥着无数相互矛盾的细微因素,然后,它把这些因素想象成一个个独立事件。这样一来,这些神秘的细微因素就成了转折点，在它们的影响下，那些处于微妙平衡的各种因素，就会使事件朝着不同方向发展。无论是青少年犯罪率、GDP、大理石纹螯虾的最终形态，还是孟加拉国的一个援助项目，通过展示这些故事的结局是如何因为某个神秘变量而发生反转，偶然性在这里就被具象化了。本书将这些神秘的变量具化为生动的、客观的物质存在，如婆婆、复印机、公交车、一声咳嗽、一句"敢辞职，就不要进家门"的指责，或者其他精确而特殊的经历。在这个世界里，这些被物化的因素会受到各种纷繁细节的影响，发生微妙变化，继而导致每个故事都极易产生另一个完全不同的结局。在这些所谓的因果事例中，我们倾向于把自己看作无所不知的大英雄，假如我们想推翻这些事例，使人们相信各种知识的易错性，或许最好的办法就是去找出更多的事例。

这些颠覆性的例外事件无法成为可效仿的模板或范例，但却反映出了所有的事例、理论和所谓原理的特质。你不可能靠一声咳嗽来预防癌症，就像你不可能靠一台复印机来脱贫一样。这些事例不是证据，它们的出现只是在指责我们将知识扩展到了过于宽泛的领域；它们既不是规则，也不是原理，但它们是一种危险信号，提醒我们规则存在局限性。

简而言之，暗知识所讲述的故事，建设性地激励我们更谦卑一些，不要用寻找规律或试图控制的想法来填补自己的想象力，而是应该去发掘每一个颠覆性的细微经历，从而时刻提醒我们那些隐藏在细微因素中的偶然性。

无论如何，这是我一直在努力做的事情。这么做有风险，尤其是可能会被有意或无意地曲解，认为既然一切如此变化无常，那我们根本无法做任何事。我完全反对这种观点。

对潜在现实进行先知性的描述，不是一种成就，而是一种幻想。它是一颗落入池塘的小石子。也许它无法激起任何波澜。但假如正相反呢，谁又能知道呢？

你不知道自己没有意识到哪些知识是自己不知道的。但是你希望可以通过了解一些现有知识，在一定程度上解决这个问题。嗯，你可以试试。即使是在我所探讨的领域，过去几年我所能涉猎的范围之小也是令我头疼不已；每一门学科都要学习一辈子，其广度和复杂程度令人生畏。因此，按照记者撰写非小说类书籍的惯例，书中的每一个观点都要归功于那些懂得比我多得多的人。我是一个观点的小偷和包装工，唯一的优势是我可以去想去的地方，跨越学科的界限，并表达自己喜欢的观点。

我特别感谢一小群人，尽管他们可能对我用他们的想法所做的事情感到震惊。他们无须承担任何责任，只需接受我的谢意，感谢他们鼓励我，给我提供论据，并让我在与他们交谈时收获了无限欢乐。他们汇集了不同的观点，尽管我知道他们在许多问题上存在分歧，但我敢说，他们都有着相同的知识分子的习性。他们是：遗传流行病学家乔治·戴维·史密斯、约翰·凯和埃斯特·迪弗洛，他们两位都是经济学家；社会科学家邓肯·沃茨、统计学家大卫·斯皮格尔特、科学哲学家南希·卡特赖特。他们的言论、思想和影响贯穿本书。我希望自己公正地传达了他们的观点，没有造成任何尴尬。

还有许多人的观点令我十分感兴趣，于是我带着敬意，满怀欣喜地引述了他们的研究成果，这些人是：尼克·查特、格伦·贝格利、温迪·约翰逊、默文·金、约翰·劳布和罗伯特·桑普森、汤姆·加什、多萝西·毕晓普、戴安娜·科伊尔、蒂姆·哈福德、斯蒂芬·森、安德鲁·格尔曼、安格斯·迪顿、保罗·约翰逊、奥拉西奥·阿塔纳西奥、克里斯·迪洛、雷蒙德·哈巴德、安迪·霍尔丹、马库斯·穆纳福、内莎·凯里、海伦·皮尔森、菲利普·波尔、奥诺拉·奥尼尔、朱迪斯·里奇·哈里斯、雷·波森、诺亚·史密斯等。还要感谢那些向我解释混沌理论、因果关系和研究设计等主题的人，以及那些在经济、政策制定、教育、国际发展等领域给我提供专业观点，增长我的见识的那些人；一并致谢的，还有我在会议或其他地方所结识的那些不同团体，我们一直保持着联系。再次向上述各位表达我的谢意。

我的编辑——大西洋书局的迈克·哈普利，使我的观点更加积极，他犀利的批判能力使得他能够不断提炼那些观点。还有一些朋友提供了好的想法和备受争议的论点，安德鲁·迪诺就是其中一位。多年来，他对我的思想和研究方向的影响是巨大的，我对他始终怀着无限的感激之情。要感谢的，还有我的经纪人乔尼·佩吉，除了履行日常的经纪人的职责外，他还会鼓励我，启发我，给我提出超棒的建设性意见，再加上罗杰·索耶、伊恩·霍克斯、丹尼尔·桑顿、提曼德拉·哈克尼斯、迈克·肯尼、特蕾莎·马尔托、休·莱文森、里奇·奈特、尼克和凯特·胡顿、克里斯·芬茨、奥利·霍金斯、多米尼克·希尼、安德鲁·威尔逊、苏·埃利斯，以及英国广播公司的团队、英国医学科学院的团队、亚历山德拉·弗里曼、温顿风险与证据交流中心的整个优秀团队，以及我博学的女儿凯特琳·哈里斯、艾伦，当然还有凯蒂和吉蒂。